Mathematisch-Naturwissenschaftliche **FORMELSAMMLUNG**

zugelassen zur Verwendung
in der Abiturprüfung

Das vorliegende Dokument stellt keine Formelsammlung im klassischen Sinn dar; insbesondere werden im Allgemeinen Voraussetzungen für die Gültigkeit von Formeln nicht genannt und im Abschnitt zum Fach Mathematik Bezeichnungen nicht erklärt.

Druck A² / Jahr 2024
Alle Drucke der Serie A sind im Unterricht parallel verwendbar.

Bildquellen: Titel: iStockphoto.com, Calgary (eugenesergeev); 1.1: LIO Design GmbH, Braunschweig; 1.2: LIO Design GmbH, Braunschweig (LAYOUTELEMENT); 2.1: LIO Design GmbH, Braunschweig (LAYOUTELEMENT); 3.1: Biermann-Schickling, Birgitt, Hannover

Umschlagentwurf: Lio Designagentur, Braunschweig
Innenlayout: zweiband.media, Berlin
Grafiken: zweiband.media, Berlin
Druck und Bindung: Westermann Druck GmbH, Georg-Westermann-Allee 66, 38104 Braunschweig

Beilage zu ISBN 978-3-14-**127791**-3

Inhalt

1 Mathematik

1.1 Grundlagen

Ähnlichkeit zweier Dreiecke

Die folgenden Aussagen zu zwei Dreiecken sind äquivalent:
- Die Dreiecke sind ähnlich.
- Die Größen der Winkel des einen Dreiecks stimmen mit den Größen der Winkel des anderen Dreiecks überein.
- Die Verhältnisse der Seitenlängen des einen Dreiecks stimmen mit den Verhältnissen der Seitenlängen des anderen Dreiecks überein.

Binomische Formeln

$a^2 + 2ab + b^2 = (a+b)^2$	$a^2 - 2ab + b^2 = (a-b)^2$	$a^2 - b^2 = (a+b)\cdot(a-b)$

Maße von Figuren

Dreieck	Parallelogramm[1]	Trapez	Drachenviereck	Kreis
$A = \frac{1}{2}\cdot g\cdot h$	$A = g\cdot h$	$A = \frac{1}{2}\cdot(a+c)\cdot h$ 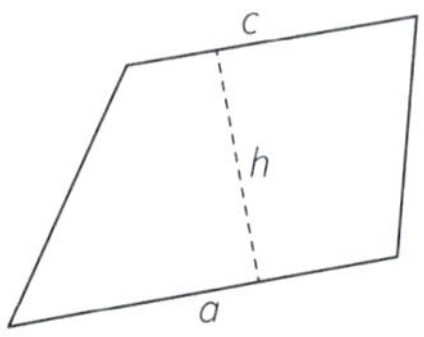	$A = \frac{1}{2}\cdot e\cdot f$ 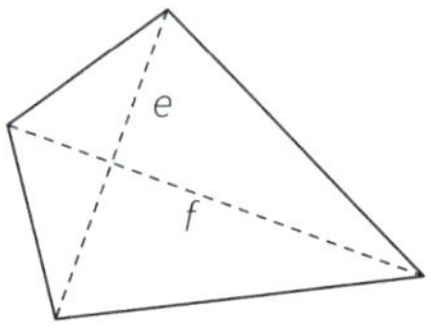	$A = \pi\cdot r^2$ $U = 2\pi\cdot r$

Maße von Körpern

Prisma	Pyramide	Zylinder	Kegel	Kugel
$V = A_G\cdot h$	$V = \frac{1}{3}\cdot A_G\cdot h$	$V = A_G\cdot h$ für gerade Zylinder: $A_O = 2\cdot A_G + 2\pi\cdot r\cdot h$	$V = \frac{1}{3}\cdot A_G\cdot h$ für gerade Kegel: $A_O = A_G + \pi\cdot r\cdot m$ (m: Abstand der Spitze vom Rand der Grundfläche)	$V = \frac{4}{3}\pi\cdot r^3$ $A_O = 4\pi\cdot r^2$

Potenzen und Logarithmen

$a^r\cdot b^r = (a\cdot b)^r$	$a^r\cdot a^s = a^{r+s}$	$(a^r)^s = a^{r\cdot s}$	$a^{\frac{m}{n}} = \sqrt[n]{a^m} = \left(\sqrt[n]{a}\right)^m$
$\frac{a^r}{b^r} = \left(\frac{a}{b}\right)^r$	$\frac{a^r}{a^s} = a^{r-s}$	$a^{-r} = \frac{1}{a^r}$	
$\log_a(b\cdot c) = \log_a b + \log_a c$	$\log_a \frac{b}{c} = \log_a b - \log_a c$	$\log_a b^r = r\cdot\log_a b$	

Quadratische Gleichung

$x_1 = -\frac{p}{2} - \sqrt{\left(\frac{p}{2}\right)^2 - q}$ und $x_2 = -\frac{p}{2} + \sqrt{\left(\frac{p}{2}\right)^2 - q}$ sind die Lösungen der Gleichung $x^2 + px + q = 0$.

[1] Ein Parallelogramm mit vier gleich langen Seiten wird als Raute bezeichnet.

Rechtwinkliges Dreieck

- $\sin\varphi = \frac{u}{w}$

  $\cos\varphi = \frac{v}{w}$

  $\tan\varphi = \frac{\sin\varphi}{\cos\varphi} = \frac{u}{v}$

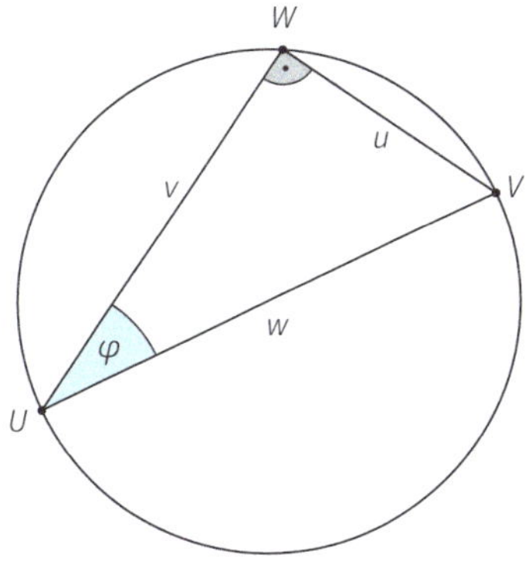

- Satz des Pythagoras
  Wenn ein Dreieck rechtwinklig ist, dann gilt für die Längen u und v der beiden Katheten und die Länge w der Hypotenuse $u^2 + v^2 = w^2$.
  Wenn für die Längen u, v und w der Seiten eines Dreiecks $u^2 + v^2 = w^2$ gilt, dann hat dieses Dreieck einen rechten Winkel, der der Seite mit der Länge w gegenüber liegt.
- Satz des Thales
  Wenn ein Dreieck beim Eckpunkt W einen rechten Winkel hat, dann liegt W auf dem Kreis, der den Mittelpunkt der gegenüberliegenden Seite als Mittelpunkt hat und durch die beiden anderen Eckpunkte verläuft.
  Wenn der Eckpunkt W eines Dreiecks auf dem Kreis liegt, der den Mittelpunkt der gegenüberliegenden Seite als Mittelpunkt hat und durch die beiden anderen Eckpunkte verläuft, dann hat dieses Dreieck bei W einen rechten Winkel.

Symbole in Verbindung mit Mengen

$\mathbb{N} = \{0, 1, 2, 3, ...\}$	$\mathbb{R}^+ = \{x \in \mathbb{R} \mid x > 0\}$	$[a;b] = \{x \in \mathbb{R} \mid a \le x \le b\}$
$\mathbb{Z} = \{..., -3, -2, -1, 0, 1, 2, 3, ...\}$	$\mathbb{R}_0^+ = \{x \in \mathbb{R} \mid x \ge 0\}$	$]a;b[= \{x \in \mathbb{R} \mid a < x < b\}$
$A \cap B = \{x \mid x \in A \wedge x \in B\}$	$A \cup B = \{x \mid x \in A \vee x \in B\}$	$A \setminus B = \{x \mid x \in A \wedge x \notin B\}$

Trigonometrie

$\sin(-\varphi) = -\sin\varphi$	$\sin(\varphi - 90°) = -\cos\varphi$	$(\sin\varphi)^2 + (\cos\varphi)^2 = 1$
$\cos(-\varphi) = \cos\varphi$	$\cos(\varphi - 90°) = \sin\varphi$	

Winkelmaße

Beträgt die Größe eines Winkels im Gradmaß 360°, so beträgt sie im Bogenmaß 2π.

1.2 Analysis

Ableitung

$$f'(x_0) = \lim_{x \to x_0} \frac{f(x) - f(x_0)}{x - x_0} = \lim_{h \to 0} \frac{f(x_0 + h) - f(x_0)}{h}$$

Ableitungen ausgewählter Funktionen

Term der Funktion	Term der Ableitungsfunktion
x^r	$r \cdot x^{r-1}$
$\sin x$	$\cos x$
$\cos x$	$-\sin x$
e^x	e^x
$\ln x$	$\frac{1}{x}$
$-x + x \cdot \ln x$	$\ln x$

Ableitungsregeln

Term der Funktion	Term der Ableitungsfunktion
$k \cdot u(x)$	$k \cdot u'(x)$
$u(x) + v(x)$	$u'(x) + v'(x)$
$u(x) \cdot v(x)$	$u'(x) \cdot v(x) + u(x) \cdot v'(x)$
$u(v(x))$	$u'(v(x)) \cdot v'(x)$

Ableitung von Integralfunktionen

Für $I(x) = \int_a^x f(t)\,dt$ gilt $I'(x) = f(x)$.

Bestimmtes Integral

Ist F eine Stammfunktion von f, so gilt $\int_a^b f(x)\,dx = [F(x)]_a^b = F(b) - F(a)$.

Grenzwerte

Ist p(x) ein Polynom, so gilt $\lim_{x \to +\infty} \frac{p(x)}{e^x} = 0$.

Ist p(x) ein nicht konstantes Polynom, so gilt $\lim_{x \to +\infty} \frac{\ln x}{p(x)} = 0$.

Ist p(x) ein Polynom ohne konstanten Summanden, so gilt $\lim_{x \to 0} \left(p(x) \cdot \ln x\right) = 0$.

Rotationskörper

$$V = \pi \cdot \int_a^b (f(x))^2\,dx$$

Schneiden und Berühren zweier Funktionsgraphen

Die Graphen zweier Funktionen f und g schneiden sich in einem Punkt genau dann, wenn sie diesen Punkt gemeinsam haben.

Die Graphen zweier Funktionen f und g berühren sich in einem Punkt genau dann, wenn sie diesen Punkt gemeinsam und dort die gleiche Steigung haben.

Zueinander senkrechte Geraden

Zwei Geraden mit den Steigungen m_1 und m_2 sind genau dann senkrecht zueinander, wenn $m_1 \cdot m_2 = -1$ gilt.

1.3 Analytische Geometrie/Lineare Algebra

Skalarprodukt		
$\vec{a} \circ \vec{b} = a_1 b_1 + a_2 b_2 + a_3 b_3$	$\vec{a} \circ \vec{b} = \lvert\vec{a}\rvert \cdot \lvert\vec{b}\rvert \cdot \cos\varphi$	$\vec{a} \circ \vec{a} = \lvert\vec{a}\rvert^2$

Ebenen

- Parameterform: $\vec{x} = \vec{a} + \lambda \cdot \vec{u} + \mu \cdot \vec{v}$
- Koordinatenform: $n_1 x_1 + n_2 x_2 + n_3 x_3 + k = 0$
- Normalenform: $\vec{n} \circ (\vec{x} - \vec{a}) = 0$

1.4 Stochastik

Bedingte Wahrscheinlichkeit und stochastische Unabhängigkeit

$$P_A(B) = \frac{P(A \cap B)}{P(A)}$$

Die folgenden Aussagen zu Ereignissen A und B sind äquivalent:
- A und B sind stochastisch unabhängig.
- $P_B(A) = P(A)$
- $P_A(B) = P(B)$

Binomialkoeffizient

$$\binom{n}{k} = \frac{n!}{k! \cdot (n-k)!}$$

Zufallsgrößen

Für eine Zufallsgröße X mit den Werten $x_1, x_2, \ldots, x_n$ gilt:

- Erwartungswert: $E(X) = \sum_{i=1}^{n} x_i \cdot P(X = x_i)$
- Varianz: $Var(X) = \sum_{i=1}^{n} (x_i - E(X))^2 \cdot P(X = x_i)$
- Standardabweichung: $\sqrt{Var(X)}$

Für eine binomialverteilte Zufallsgröße X gilt:

- $P_p^n(X = k) = \binom{n}{k} \cdot p^k \cdot (1-p)^{n-k}$
- Erwartungswert: $\mu = n \cdot p$
- Standardabweichung: $\sigma = \sqrt{n \cdot p \cdot (1-p)}$

Dichtefunktion einer normalverteilten Zufallsgröße:

$$\varphi(x) = \frac{1}{\sigma \cdot \sqrt{2\pi}} \cdot e^{-\frac{1}{2} \cdot \left(\frac{x-\mu}{\sigma}\right)^2}$$

Sigma-Regeln

Ist X eine normalverteilte Zufallsgröße, so gilt:

- $P(\mu - \sigma \leq X \leq \mu + \sigma) \approx 68{,}3\,\%$
- $P(\mu - 1{,}64\sigma \leq X \leq \mu + 1{,}64\sigma) \approx 90{,}0\,\%$
- $P(\mu - 1{,}96\sigma \leq X \leq \mu + 1{,}96\sigma) \approx 95{,}0\,\%$
- $P(\mu - 2\sigma \leq X \leq \mu + 2\sigma) \approx 95{,}4\,\%$
- $P(\mu - 2{,}58\sigma \leq X \leq \mu + 2{,}58\sigma) \approx 99{,}0\,\%$
- $P(\mu - 3\sigma \leq X \leq \mu + 3\sigma) \approx 99{,}7\,\%$

Prognoseintervall und Konfidenzintervall

Für eine binomialverteilte Zufallsgröße gilt näherungsweise:

- Prognoseintervall: $\left[p - c \cdot \sqrt{\frac{p \cdot (1-p)}{n}}\,;\, p + c \cdot \sqrt{\frac{p \cdot (1-p)}{n}}\right]$
- Die Gleichung $|h - p| = c \cdot \sqrt{\frac{p \cdot (1-p)}{n}}$ liefert die beiden Grenzen eines Konfidenzintervalls für den Wert von p.

Signifikanztest

Wird die Nullhypothese irrtümlich abgelehnt, so bezeichnet man dies als Fehler erster Art. Das Signifikanzniveau ist der Wert, den die Wahrscheinlichkeit für den Fehler erster Art nicht überschreiten soll.

Wird die Nullhypothese irrtümlich nicht abgelehnt, so bezeichnet man dies als Fehler zweiter Art.

2 Chemie

2.1 Allgemeine Formeln

Avogadro-Konstante	
$N_A = \frac{N}{n}$	N_A: Avogadro-Konstante; N: Anzahl der Teilchen; n: Stoffmenge

Molare Masse	
$M = \frac{m}{n}$	M: molare Masse; m: Masse; n: Stoffmenge

Molares Volumen	
$V_m = \frac{V}{n}$	V_m: molares Volumen; V: Volumen; n: Stoffmenge

Allgemeine Gasgleichung	
$p \cdot V = n \cdot R \cdot T$	p: Druck; V: Volumen; n: Stoffmenge; R: ideale Gaskonstante; T: Temperatur

Stoffmengenkonzentration	
$c(\mathrm{A}) = \frac{n(\mathrm{A})}{V(\mathrm{Lsg})}$	$c(\mathrm{A})$: Stoffmengenkonzentration der Teilchen A; $n(\mathrm{A})$: Stoffmenge der Teilchen A; $V(\mathrm{Lsg})$: Volumen der Lösung

Massenkonzentration	
$\beta(\mathrm{A}) = \frac{m(\mathrm{A})}{V(\mathrm{Lsg})}$	$\beta(\mathrm{A})$: Massenkonzentration des Bestandteils A; $m(\mathrm{A})$: Masse des Bestandteils A; $V(\mathrm{Lsg})$: Volumen der Lösung

Massenanteil	
$\omega(\mathrm{A}) = \frac{m(\mathrm{A})}{m(\mathrm{Gem})}$	$\omega(\mathrm{A})$: Massenanteil des Bestandteils A; $m(\mathrm{A})$: Masse des Bestandteils A; $m(\mathrm{Gem})$: Masse des Gemisches

Volumenanteil	
$\varphi(\mathrm{A}) = \frac{V(\mathrm{A})}{V(\mathrm{A}) + V(\mathrm{B})}$	$\varphi(\mathrm{A})$: Volumenanteil des Bestandteils A; $V(\mathrm{A})$: Volumen des Bestandteils A; $V(\mathrm{B})$: Volumen des Bestandteils B

2.2 Gleichgewichtsreaktionen

Massenwirkungsgesetz

Für eine allgemeine Reaktion $aA + bB \rightleftharpoons cC + dD$ gilt:

$K_c = \frac{c^c(C) \cdot c^d(D)}{c^a(A) \cdot c^b(B)}$	K_c: Gleichgewichtskonstante; c: Stoffmengenkonzentration; a, b, c, d: stöchiometrische Koeffizienten

Löslichkeitsprodukt

Für $A_mB_n \rightleftharpoons mA^{n+} + nB^{m-}$ gilt:

$K_L = c^m(A^{n+}) \cdot c^n(B^{m-})$ $pK_L = -\lg\{K_L\}$	K_L: Löslichkeitsprodukt; $c(A^{n+})$: Stoffmengenkonzentration des Kations; n: Anzahl der positiven Ladungen, stöchiometrischer Koeffizient; $c(B^{m-})$: Stoffmengenkonzentration des Anions; m: Anzahl der negativen Ladungen, stöchiometrischer Koeffizient; $\{K_L\}$: Zahlenwert von K_L

2.3 Protonenübergänge

Ionenprodukt des Wassers

$K_W = c(H_3O^+) \cdot c(OH^-)$ $pK_W = -\lg\{K_W\}$ $pK_W = pH + pOH$	K_W: Ionenprodukt des Wassers; $\{K_W\}$: Zahlenwert von K_W; c: Stoffmengenkonzentration

pH-Wert und pOH-Wert

$pH = -\lg\{c(H_3O^+)\}$ $pOH = -\lg\{c(OH^-)\}$	c: Stoffmengenkonzentration; $\{c(H_3O^+)\}$: Zahlenwert von $c(H_3O^+)$; $\{c(OH^-)\}$: Zahlenwert von $c(OH^-)$

Säurekonstante und Säureexponent

Für $HA + H_2O \rightleftharpoons A^- + H_3O^+$ gilt:

$K_S = \frac{c(H_3O^+) \cdot c(A^-)}{c(HA)}$	K_S: Säurekonstante; c: Stoffmengenkonzentration;
$pK_S = -\lg\{K_S\}$	pK_S: Säureexponent; $\{K_S\}$: Zahlenwert von K_S

Basenkonstante und Basenexponent

Für $H_2O + B \rightleftharpoons OH^- + HB^+$ gilt:

$K_B = \frac{c(OH^-) \cdot c(HB^+)}{c(B)}$	K_B: Basenkonstante; c: Stoffmengenkonzentration;
$pK_B = -\lg\{K_B\}$	pK_B: Basenexponent; $\{K_B\}$: Zahlenwert von K_B

Oxonium-Ionen-Konzentration und pH-Wert

- Oxonium-Ionen-Konzentration in sauren Lösungen

$c(H_3O^+) \approx -\frac{K_S}{2} + \sqrt{\left(\frac{K_S}{2}\right)^2 + K_S \cdot c_0(HA)}$	c: Stoffmengenkonzentration; c_0: Anfangskonzentration	K_S: Säurekonstante;

- pH-Wert bei vollständiger Protolyse

$pH \approx -\lg\{c_0(HA)\}$	c_0: Anfangskonzentration;	$\{c_0(HA)\}$: Zahlenwert von $c_0(HA)$

- pH-Wert bei unvollständiger Protolyse

$pH \approx \frac{1}{2} \cdot (pK_S - \lg\{c_0(HA)\})$	pK_S: Säureexponent;	$\{c_0(HA)\}$: Zahlenwert von $c_0(HA)$

- pH-Wert von Pufferlösungen (Henderson-Hasselbalch-Gleichung)

$pH = pK_S + \lg\frac{c(A^-)}{c(HA)}$	pK_S: Säureexponent;	c: Stoffmengenkonzentration

2.4 Elektronenübergänge

Berechnung der Zellspannung

$\Delta E = E(K) - E(A)$	ΔE: Zellspannung; $E(K)$: Potenzial der Kathoden-Halbzelle; $E(A)$: Potenzial der Anoden-Halbzelle

Nernst-Gleichung

Für ein konjugiertes Redoxpaar Red $\rightleftharpoons$ Ox + ze^- gilt bei $T = 298{,}15$ K:

$E = E° + \frac{0{,}059\,V}{z} \cdot \lg\frac{\{c(Ox)\}}{\{c(Red)\}}$	Red: reduzierte Form; Ox: oxidierte Form; E: Potenzial des Redoxpaares; $E°$: Standardpotenzial des Redoxpaares; z: Anzahl der übertragenen Elektronen; $c(Ox)$: Konzentration der oxidierten Form; $\{c(Ox)\}$: Zahlenwert von $c(Ox)$; $c(Red)$: Konzentration der reduzierten Form; $\{c(Red)\}$: Zahlenwert von $c(Red)$

Faraday-Gleichung

$n = \frac{I \cdot t}{z \cdot F}$	n: Stoffmenge; I: elektrische Stromstärke; t: Zeit; z: Anzahl der übertragenen Elektronen; F: Faraday-Konstante

Elektrolyse	
$U_Z = E(A) + \eta(A) - (E(K) + \eta(K))$	U_Z: Zersetzungsspannung; $E(A)$: Potenzial der Anoden-Halbzelle; $E(K)$: Potenzial der Kathoden-Halbzelle; $\eta(A)$: Überspannung der Anoden-Halbzelle; $\eta(K)$: Überspannung der Kathoden-Halbzelle

2.5 Energetische und kinetische Aspekte chemischer Reaktionen

Mittlere Reaktionsgeschwindigkeit	
Für eine allgemeine Reaktion A → B gilt:	
$\bar{v} = -\frac{\Delta c(A)}{\Delta t} = +\frac{\Delta c(B)}{\Delta t}$	$\bar{v}$: mittlere Reaktionsgeschwindigkeit; $\Delta c(A)$: Änderung der Stoffmengenkonzentration des Eduktes A; $\Delta c(B)$: Änderung der Stoffmengenkonzentration des Produktes B; Δt: Zeitintervall

Erster Hauptsatz der Thermodynamik	
Für geschlossene Systeme gilt:	
$\Delta U = Q + W$ Bei konstantem Druck gilt: $\Delta H = Q_p$	ΔU: Änderung der inneren Energie eines geschlossenen Systems; Q: Wärme; W: Volumenarbeit; ΔH: Änderung der Enthalpie

Volumenarbeit	
$W = -p \cdot \Delta V$	W: Volumenarbeit; p: Druck; ΔV: Änderung des Volumens

Kalorimetrie	
Im geschlossenen System gilt bei konstantem Druck unter Vernachlässigung der Temperaturänderung des Kalorimeters:	
$Q = c \cdot m \cdot \Delta T$	Q: Wärme; c: spezifische Wärmekapazität der Kalorimeterflüssigkeit; m: Masse der Kalorimeterflüssigkeit; ΔT: Änderung der Temperatur der Kalorimeterflüssigkeit
Enthalpie bezogen auf 1 mol der Teilchen X:	
$\Delta_r H = -\frac{Q}{n(X)}$	$\Delta_r H$: Reaktionsenthalpie; Q: Wärme; $n(X)$: umgesetzte Stoffmenge der Teilchen X

Änderung der Enthalpie

Für eine allgemeine Reaktion aA + bB → cC + dD bei $T = 298{,}15\,\text{K}$ und $p = 101{,}325\,\text{kPa}$ gilt:

$\Delta H = [n_c \cdot \Delta_f H°(C) + n_d \cdot \Delta_f H°(D)] - [n_a \cdot \Delta_f H°(A) + n_b \cdot \Delta_f H°(B)]$	ΔH: Änderung der Enthalpie; $\Delta_f H°$: Standardbildungsenthalpie; n_a, n_b, n_c, n_d: Stoffmengen im stöchiometrischen Verhältnis

Änderung der Entropie

Für eine allgemeine Reaktion aA + bB → cC + dD bei $T = 298{,}15\,\text{K}$ und $p = 101{,}325\,\text{kPa}$ gilt:

$\Delta S = [n_c \cdot S°(C) + n_d \cdot S°(D)] - [n_a \cdot S°(A) + n_b \cdot S°(B)]$	ΔS: Änderung der Entropie; $S°$: Standardentropie; n_a, n_b, n_c, n_d: Stoffmengen im stöchiometrischen Verhältnis

Gibbs-Helmholtz-Gleichung

$\Delta G = \Delta H - T \cdot \Delta S$	ΔG: Änderung der freien Enthalpie; ΔH: Änderung der Enthalpie; T: Temperatur; ΔS: Änderung der Entropie

2.6 Qualitative Analyse – Chromatografie

$R_f = \frac{S}{F}$	R_f: Retentionsfaktor; S: Abstand Startlinie-Substanzfleck; F: Abstand Startlinie-Laufmittelfront

2.7 Quantitative und instrumentelle Analyse

Lambert-Beer'sches-Gesetz

$E_\lambda = \varepsilon_\lambda \cdot c \cdot d$	E_λ: Extinktion bei der Wellenlänge λ; ε_λ: molarer Extinktionskoeffizient bei der Wellenlänge λ; c: Stoffmengenkonzentration; d: Schichtdicke der Messküvette

Optische Aktivität

$\alpha = [\alpha]_\lambda^\vartheta \cdot \beta \cdot \ell$	α: Drehwinkel; $[\alpha]_\lambda^\vartheta$: spezifischer Drehwinkel bei der Temperatur ϑ und der Wellenlänge λ; β: Massenkonzentration; ℓ: Probenrohrlänge

3 Physik

3.1 Mechanik

Newton'sche Gesetze und Kräfteaddition

1. Newton'sches Gesetz (Trägheitsprinzip, Trägheitsgesetz)	
Unter der Bedingung $\vec{F}_1 + \vec{F}_2 + \ldots = \vec{0}$ gilt: $\vec{v}$ = konstant	$\vec{F}_1, \vec{F}_2, \ldots$: äußere Kräfte, die auf einen Körper (ein System) wirken; $\vec{v}$: Geschwindigkeit
2. Newton'sches Gesetz (Grundgleichung der Mechanik)	
$\vec{F} = m \cdot \vec{a}$ $F \cdot \Delta t = m \cdot \Delta v$	$\vec{F}$: Kraft; m: Masse; $\vec{a}$: Beschleunigung; t: Zeit; v: Geschwindigkeit
3. Newton'sches Gesetz (Reaktionsprinzip, Wechselwirkungsgesetz)	
$\vec{F}_{12} = -\vec{F}_{21}$	$\vec{F}$: Kraft
Betrag der Gesamtkraft bei der Addition zweier Kräfte	
$F_{ges} = \sqrt{F_1^2 + F_2^2 + 2 \cdot F_1 \cdot F_2 \cdot \cos\alpha}$	F_{ges}: Betrag der Gesamtkraft; F_1, F_2: Beträge der Einzelkräfte; α: Winkel zwischen den Kräften

Kräfte der Mechanik

Gewichtskraft		
$F_G = m \cdot g$	F_G: Gewichtskraft; g: Fallbeschleunigung (Ortsfaktor) am Ort des Körpers	m: Masse;
Radialkraft, Zentripetalkraft		
$F_r = \frac{m \cdot v^2}{r} = m \cdot \omega^2 \cdot r$	F_r: Radialkraft, Zentripetalkraft; v: Bahngeschwindigkeit; ω: Winkelgeschwindigkeit	m: Masse; r: Radius;
Federspannkraft (Hooke'sches Gesetz)		
$F_S = D \cdot s$	F_S: Federspannkraft; D: Federhärte, Richtgröße; s: Dehnung der Feder	
Reibungskraft		
$F_R = \mu \cdot F_N$	F_R: Reibungskraft; μ: Reibungszahl; F_N: Normalkraft	

Newton'scher Strömungswiderstand	
$F_W = \frac{1}{2} \cdot c_W \cdot A \cdot \varrho \cdot v^2$	F_W: Widerstandskraft; c_W: Widerstandsbeiwert; A: Querschnittsfläche des Körpers senkrecht zur Strömung; ϱ: Dichte des umströmenden Mediums; v: Relativgeschwindigkeit zwischen Körper und Medium
Stokes'scher Strömungswiderstand	
$F_W = 6\pi \cdot \eta \cdot r \cdot v$	F_W: Widerstandskraft; η: Viskosität des umströmenden Mediums; r: Radius; v: Geschwindigkeit
Auftriebskraft	
$F_A = \varrho \cdot g \cdot V$	F_A: Auftriebskraft; ϱ: Dichte der Flüssigkeit/des Gases; g: Fallbeschleunigung (Ortsfaktor) am Ort des Körpers; V: vom Körper verdrängtes Volumen

Bewegungen

eindimensionale Bewegungen		
mittlere Geschwindigkeit		
$\bar{v} = \frac{\Delta s}{\Delta t}$	$\bar{v}$: mittlere Geschwindigkeit; t: Zeit	s: Ort;
momentane Geschwindigkeit		
$v(t) = \frac{ds}{dt} = \dot{s}(t)$	v: Geschwindigkeit; t: Zeit	s: Ort;
mittlere Beschleunigung		
$\bar{a} = \frac{\Delta v}{\Delta t}$	$\bar{a}$: mittlere Beschleunigung; t: Zeit	v: Geschwindigkeit;
momentane Beschleunigung		
$a(t) = \frac{dv}{dt} = \dot{v}(t)$	a: Beschleunigung; t: Zeit	v: mittlere Geschwindigkeit;
gleichförmige Bewegung		
$s(t) = v \cdot t + s_0$ $v =$ konstant $a = 0\,\frac{m}{s^2}$	s: Ort; v: Geschwindigkeit; a: Beschleunigung	s_0: Anfangsort bei $t = 0\,s$; t: Zeit;
gleichmäßig beschleunigte Bewegung		
$s(t) = \frac{1}{2} \cdot a \cdot t^2 + v_0 \cdot t + s_0$ $v(t) = a \cdot t + v_0$ $a =$ konstant	s: Ort; a: Beschleunigung; v_0: Anfangsgeschwindigkeit bei $t = 0\,s$;	s_0: Anfangsort bei $t = 0\,s$; t: Zeit; v: Geschwindigkeit

beliebig beschleunigte Bewegung

$s(t) = s_0 + \int_{t_0}^{t} v(t)\,\mathrm{d}t$ $v(t) = v_0 + \int_{t_0}^{t} a(t)\,\mathrm{d}t$	s: Ort; s_0: Anfangsort bei $t = t_0$; v: Geschwindigkeit; t: Zeit; v_0: Anfangsgeschwindigkeit bei $t = t_0$; a: Beschleunigung

gleichförmige Kreisbewegung

$\omega = \frac{\Delta\varphi}{\Delta t} = \frac{2\pi}{T} = 2\pi \cdot f$ $v = \omega \cdot r$ $\omega = \text{konstant}$ $a_r = \frac{v^2}{r} = \omega^2 \cdot r$	ω: Winkelgeschwindigkeit; Δt: benötigte Zeit; f: Frequenz; r: Radius;	$\Delta\varphi$: überstrichener Winkel; T: Umlaufdauer; v: Bahngeschwindigkeit; a_r: Radialbeschleunigung

Wurfbewegungen

senkrechter Wurf

$y(t) = -\frac{1}{2} \cdot g \cdot t^2 + v_0 \cdot t + y_0$ $v_y(t) = -g \cdot t + v_0$ $a_y = -g$	y: Ort; t: Zeit; y_0: Anfangsort bei $t = 0\,\text{s}$; a_y: vertikale Beschleunigung	g: Fallbeschleunigung (Ortsfaktor) am Ort des Körpers; v_0: Anfangsgeschwindigkeit bei $t = 0\,\text{s}$; v_y: vertikale Geschwindigkeit;

waagerechter Wurf

$x(t) = v_0 \cdot t$ $y(t) = -\frac{1}{2} \cdot g \cdot t^2 + y_0$ $v_x = v_0$ $v_y(t) = -g \cdot t$ $a_x = 0\,\frac{\text{m}}{\text{s}^2}$ $a_y = -g$	x: x-Koordinate des Ortes; t: Zeit; y: y-Koordinate des Ortes; y_0: y-Koordinate des Ortes bei $t = 0\,\text{s}$; v_x, v_y: Geschwindigkeitskomponente;	v_0: horizontale Anfangsgeschwindigkeit bei $t = 0\,\text{s}$; g: Fallbeschleunigung (Ortsfaktor) am Ort des Körpers; a_x, a_y: Beschleunigungskomponente

schräger Wurf

$x(t) = v_0 \cdot t \cdot \cos\alpha$ $y(t) = -\frac{1}{2} \cdot g \cdot t^2 + v_0 \cdot t \cdot \sin\alpha + y_0$ $v_x = v_0 \cdot \cos\alpha$ $v_y(t) = -g \cdot t + v_0 \cdot \sin\alpha$ $a_x = 0\,\frac{\text{m}}{\text{s}^2}$ $a_y = -g$	x: x-Koordinate des Ortes; t: Zeit; y: y-Koordinate des Ortes; y_0: y-Koordinate des Ortes bei $t = 0\,\text{s}$; v_x, v_y: Geschwindigkeitskomponente;	v_0: Anfangsgeschwindigkeit bei $t = 0\,\text{s}$; α: Abwurfwinkel; g: Fallbeschleunigung (Ortsfaktor) am Ort des Körpers; a_x, a_y: Beschleunigungskomponente

Dichte und Druck

Dichte

$\varrho = \frac{m}{V}$	ϱ: Dichte;	m: Masse;
	V: Volumen	

Druck

$p = \frac{F_\perp}{A}$	p: Druck;	$F_\perp$: Kraftkomponente senkrecht auf A;
	A: Flächeninhalt	

Schweredruck in Flüssigkeiten

$p = \varrho \cdot g \cdot h$	p: Druck;	ϱ: Dichte der Flüssigkeit;
	g: Fallbeschleunigung (Ortsfaktor) am Ort des Körpers;	h: Höhe der Flüssigkeitssäule

Kraftumformende Einrichtungen

schiefe Ebene

$F_H = F_G \cdot \sin\alpha$	F_H: Hangabtriebskraft;	F_G: Gewichtskraft;
$F_N = F_G \cdot \cos\alpha$	α: Neigungswinkel der Ebene gegenüber der Horizontalen;	
$\frac{F_H}{F_G} = \frac{h}{\ell}$	F_N: Normalkraft;	h: Höhe der schiefen Ebene;
	ℓ: Länge der schiefen Ebene	

Hebelgesetz

$M_1 = M_2$	M: Drehmoment;	F: Kraft auf Hebelarm;
$F_1 \cdot \ell_1 = F_2 \cdot \ell_2$	ℓ: Länge des Hebelarms	

Rollen, (lineare) Flaschenzüge

$F_Z = \frac{1}{n} \cdot F_L$	F_Z, F_L: Zug- bzw. Lastkraft;	s_Z, s_L: Zug- bzw. Lastweg;
$s_Z = n \cdot s_L$	n: Anzahl der tragenden Seile/Seilstücke	

Mechanische Energie

kinetische Energie der Translation (Bewegungsenergie)

$E = \frac{1}{2} m \cdot v^2$	E: Energie;
	m: Masse;
	v: Geschwindigkeit

kinetische Energie der Rotation (Rotationsenergie)

$E = \frac{1}{2} J \cdot \omega^2$	E: Energie;
	J: Trägheitsmoment;
	ω: Winkelgeschwindigkeit

potenzielle Energie im homogenen Gravitationsfeld (Lageenergie)	
$E = F_G \cdot h = m \cdot g \cdot h$	E: Energie; F_G: Gewichtskraft; h: Höhe des Körpers über dem Bezugspunkt; m: Masse; g: Fallbeschleunigung (Ortsfaktor)
Energie einer idealen (Hooke'schen) Feder (Spannenergie)	
$E = \frac{1}{2} \cdot D \cdot s^2$	E: Energie; D: Federhärte, Richtgröße; s: Dehnung der Feder

Mechanische Arbeit

mechanische Arbeit		
$W = \Delta E$	W: Arbeit;	ΔE: Energiedifferenz
Zusammenhang zwischen Arbeit, Kraft und zurückgelegtem Weg		
Für F = konstant und $\vec{F} \parallel \Delta\vec{s}$ gilt:		
$W = \Delta E = F \cdot \Delta s$	W: Arbeit; F: Kraft;	ΔE: Energiedifferenz; s: Ort
Wenn die Kraft- und Wegvektoren den Winkel α einschließen, gilt für F = konstant:		
$W = \Delta E = F \cdot \Delta s \cdot \cos\alpha$	W: Arbeit; F: Kraft; α: Winkel zwischen $\vec{F}$ und $\Delta\vec{s}$	ΔE: Energiedifferenz; s: Ort;
Für eine vom Ort s abhängige Kraft $\vec{F}(s)$ gilt unter der Bedingung $\vec{F} \parallel \mathrm{d}\vec{s}$:		
$W = \Delta E = \int_{s_1}^{s_2} F(s)\,\mathrm{d}s$	W: Arbeit; F: Kraft;	ΔE: Energiedifferenz; s: Ort

Leistung und Wirkungsgrad

mittlere Leistung (Energiestromstärke)		
$\overline{P} = \frac{\Delta E}{\Delta t}$	$\overline{P}$: mittlere Leistung (Energiestromstärke); t: Zeit	E: Energie;
momentane Leistung (Energiestromstärke)		
$P(t) = \frac{\mathrm{d}E}{\mathrm{d}t}$ $P(t) = F \cdot v(t)$	P: Leistung (Energiestromstärke); t: Zeit; v: Geschwindigkeit	E: Energie; F: Kraft;

Wirkungsgrad

$\eta = \frac{P_{nutz}}{P_{zu}} = \frac{\Delta E_{nutz}}{\Delta E_{zu}}$	η: Wirkungsgrad; P_{nutz}: Betrag der abgegebenen, genutzten Leistung; P_{zu}: Betrag der aufgewandten, zugeführten Leistung; E_{nutz}: Betrag der abgegebenen, genutzten Energie; E_{zu}: Betrag der aufgewandten, zugeführten Energie

Energieerhaltungssatz

$E_{ges} = E_1 + E_2 + \ldots = \text{konstant}$	E_{ges}: Gesamtenergie eines abgeschlossenen Systems; $E_1, E_2, \ldots$: Einzelenergien innerhalb des Systems

Gravitation

Newton'sches Gravitationsgesetz

$F_G = G \cdot \frac{m_1 \cdot m_2}{r^2}$	F_G: Gravitationskraft; m_1, m_2: Massen;	G: Gravitationskonstante; r: Abstand der Massen

potenzielle Energie im Gravitationsfeld

$E = -G \cdot \frac{m_1 \cdot m_2}{r}$	E: Energie; m_1, m_2: Massen;	G: Gravitationskonstante; r: Abstand der Massen

Gravitationsfeldstärke

$g = \frac{F_G}{m}$	g: Gravitationsfeldstärke; m: Masse des Probekörpers	F_G: Gravitationskraft;

Impuls

Impuls eines Körpers

$\vec{p} = m \cdot \vec{v}$ $\Delta p = F \cdot \Delta t$ $\vec{F}(t) = \frac{d\vec{p}}{dt} = \dot{\vec{p}}(t)$	$\vec{p}$: Impuls; $\vec{v}$: Geschwindigkeit; t: Zeit	m: Masse; F: Kraft;

Impulserhaltungssatz

$\vec{p}_{ges} = \vec{p}_1 + \vec{p}_2 + \ldots = \text{konstant}$	$\vec{p}_{ges}$: Gesamtimpuls eines abgeschlossenen Systems; $\vec{p}_1, \vec{p}_2, \ldots$: Einzelimpulse des Systems

Drehimpuls eines Körpers

$L = J \cdot \omega$	L: Drehimpuls; ω: Winkelgeschwindigkeit	J: Trägheitsmoment;

Drehimpulserhaltungssatz

$\vec{L}_{ges} = \vec{L}_1 + \vec{L}_2 + \ldots = \text{konstant}$	$\vec{L}_{ges}$: Gesamtdrehimpuls eines abgeschlossenen Systems; $\vec{L}_1, \vec{L}_2, \ldots$: Einzeldrehimpulse des Systems

Rotation starrer Körper

Drehmoment

Unter der Bedingung $\vec{r} \perp \vec{F}$ gilt: $M = r \cdot F$	M: Drehmoment; r: Radius; F: Kraft

Trägheitsmoment

$J = \sum_i m_i \cdot r_i^2$	J: Trägheitsmoment; m_i: Masse des i-ten Massenpunkts; r_i: Abstand des i-ten Massenpunkts von der Drehachse

Zentrale gerade Stöße

vollkommen unelastischer Stoß

Geschwindigkeit nach dem Stoß: $u = \frac{m_1 \cdot v_1 + m_2 \cdot v_2}{m_1 + m_2}$	u: gemeinsame Geschwindigkeit nach dem Stoß; m_1, m_2: Massen der Stoßpartner; v_1, v_2: Geschwindigkeiten der Stoßpartner vor dem Stoß

vollkommen elastischer Stoß

Geschwindigkeit nach dem Stoß: $u_1 = \frac{(m_1 - m_2) \cdot v_1 + 2m_2 \cdot v_2}{m_1 + m_2}$ $u_2 = \frac{(m_2 - m_1) \cdot v_2 + 2m_1 \cdot v_1}{m_1 + m_2}$	u_1, u_2: Geschwindigkeiten der Stoßpartner nach dem Stoß; m_1, m_2: Massen der Stoßpartner; v_1, v_2: Geschwindigkeiten der Stoßpartner vor dem Stoß

Schwingungen

beschreibende Größen der Schwingung

$T = \frac{1}{f}$ $f = \frac{n}{t}$ $\omega = 2\pi \cdot f$	T: Periodendauer; f: Frequenz; n: Anzahl der Perioden; t: Zeit; ω: Kreisfrequenz

mechanische harmonische Schwingungen

Kraftgesetz der harmonischen Schwingung

$\vec{F}(\vec{s}) = -D \cdot \vec{s}$	$\vec{F}$: Kraft; D: Richtgröße, z. B. Federhärte; $\vec{s}$: Auslenkung

Bewegungsgleichungen der ungedämpften harmonischen Schwingung	
$s(t) = s_{max} \cdot \sin(\omega \cdot t)$ Bei Vorliegen eines Nullphasenwinkels gilt: $s(t) = s_{max} \cdot \sin(\omega \cdot t + \varphi_0)$ $v(t) = s_{max} \cdot \omega \cdot \cos(\omega \cdot t + \varphi_0)$ $a(t) = -s_{max} \cdot \omega^2 \cdot \sin(\omega \cdot t + \varphi_0)$	s: Auslenkung, Elongation; s_{max}: Amplitude; ω: Kreisfrequenz; t: Zeit; φ_0: Nullphasenwinkel; v: Geschwindigkeit; a: Beschleunigung
Differenzialgleichung der ungedämpften harmonischen Schwingung	
$\ddot{s}(t) + \frac{D}{m} \cdot s(t) = 0$ $\frac{d^2s}{dt^2} + \frac{D}{m} \cdot s = 0$	s: Auslenkung; D: Richtgröße; z. B. Federhärte; m: Masse
gedämpfte harmonische Schwingung (geschwindigkeitsproportionale, schwache Dämpfung)	
Für einen bei $t = 0\,\text{s}$ ausgelenkten Schwinger gilt: $s(t) = s_{max} \cdot e^{-\delta \cdot t} \cdot \cos(\omega_D \cdot t)$ mit: $\omega_D = \sqrt{\omega^2 - \delta^2}$	s: Auslenkung; s_{max}: Anfangsamplitude; δ: Abklingkoeffizient; t: Zeit; ω_D: Kreisfrequenz der gedämpften Schwingung; ω: Kreisfrequenz der ungedämpften Schwingung
Differenzialgleichung der gedämpften harmonischen Schwingung	
$\ddot{s}(t) + 2\delta \cdot \dot{s}(t) + \frac{D}{m} \cdot s(t) = 0$ $\frac{d^2s}{dt^2} + 2\delta \cdot \frac{ds}{dt} + \frac{D}{m} \cdot s = 0$	s: Auslenkung; δ: Abklingkoeffizient; D: Richtgröße; z. B. Federhärte; m: Masse
Periodendauer von Pendeln	
Federpendel $T = 2\pi \cdot \sqrt{\frac{m}{D}}$	T: Periodendauer; m: Masse D: Federhärte, Richtgröße
Fadenpendel (in Kleinwinkelnäherung) $T = 2\pi \cdot \sqrt{\frac{\ell}{g}}$	T: Periodendauer; ℓ: Pendellänge; g: Fallbeschleunigung (Ortsfaktor) am Ort der Schwingung

Wellen

Ausbreitungsgeschwindigkeit	
$c = \lambda \cdot f$	c: Ausbreitungsgeschwindigkeit; λ: Wellenlänge; f: Frequenz

harmonische Welle	
Wellenfunktion der harmonischen Welle	
$y(x,t) = y_{max} \cdot \sin\left(2\pi\left(\frac{t}{T} - \frac{x}{\lambda}\right)\right)$	y: Auslenkung; y_{max}: Amplitude; T: Periodendauer; t: Zeit; x: Ort; λ: Wellenlänge
Differenzialgleichung der harmonischen Welle	
$\ddot{y}(x,t) - c^2 \cdot y''(x,t) = 0$ $\frac{\partial^2 y}{\partial t^2} - c^2 \cdot \frac{\partial^2 y}{\partial x^2} = 0$	y: Auslenkung; x: Ort; t: Zeit; c: Ausbreitungsgeschwindigkeit
Wellenfunktion einer stehenden harmonischen Welle	
$y(x,t) = 2y_{max} \cdot \cos\left(2\pi \cdot \frac{x}{\lambda}\right) \cdot \sin\left(2\pi \cdot \frac{t}{T}\right)$	y: Auslenkung; x: Ort; t: Zeit; y_{max}: Amplitude der einander entgegenlaufenden Wellen; λ: Wellenlänge; T: Periodendauer;
stehende Wellen bei zwei festen (zwei losen) Enden	
$\lambda_k = \frac{2\ell}{k+1}$ Grundschwingung: $k = 0$ Oberschwingungen: $k = 1, 2, 3, \ldots$	λ_k: Wellenlänge; ℓ: Länge des Wellenträgers
stehende Wellen bei einem festen und einem losen Ende	
$\lambda_k = \frac{2\ell}{k+\frac{1}{2}}$ Grundschwingung: $k = 0$ Oberschwingungen: $k = 1, 2, 3, \ldots$	λ_k: Wellenlänge; ℓ: Länge des Wellenträgers

Akustik

akustischer Doppler-Effekt bei bewegtem Sender und bewegtem Empfänger	
Die oberen Vorzeichen gelten jeweils für Annäherung, die unteren Vorzeichen für Entfernungszunahme. $f_E = f_0 \cdot \frac{c \pm v_E}{c \mp v_S}$	f_E: vom Empfänger gemessene Frequenz; f_0: vom Sender abgestrahlte Frequenz; c: Schallgeschwindigkeit; v_E: Geschwindigkeit des Empfängers; v_S: Geschwindigkeit der Schallquelle
Schalldruck	
$p_{ges} = p_n + p \cdot \sin(\omega \cdot t)$	p_{ges}: Gesamtdruck; p_n: Normaldruck im Medium (konstant); p: Schalldruckamplitude; ω: Kreisfrequenz; t: Zeit

Intensität einer Schallwelle in einem verlustfreien akustischen Medium	
$I = \frac{P}{A} = \frac{p^2}{2\varrho \cdot c}$	I: Schallintensität; P: Schallleistung; A: Flächeninhalt; p: Schalldruck; ϱ: Dichte des Mediums; c: Schallgeschwindigkeit im Medium
Schallintensitätspegel	
$L_I = 10\,\text{dB} \cdot \lg\left(\frac{I}{I_0}\right)$ mit: $I_0 = 10^{-12}\,\frac{\text{W}}{\text{m}^2}$	L_I: Schallintensitätspegel; I: Schallintensität; I_0: Bezugswert der Schallintensität
Schalldruckpegel	
$L_p = 20\,\text{dB} \cdot \lg\left(\frac{p_{\text{eff}}}{p_0}\right)$ mit: $p_0 = 20\,\mu\text{Pa}$	L_p: Schalldruckpegel; p_0: Bezugswert des Schalldrucks; p_{eff}: Effektivwert des Schalldrucks

3.2 Elektrizitätslehre und Magnetismus

Stromstärke, Spannung, Widerstand, Ladung	
mittlere elektrische Stromstärke	
$\overline{I} = \frac{\Delta Q}{\Delta t}$	$\overline{I}$: mittlere elektrische Stromstärke; Q: elektrische Ladung; t: Zeit
momentane elektrische Stromstärke und elektrische Ladung	
$I(\text{t}) = \frac{\text{d}Q}{\text{d}t} = \dot{Q}(t)$ $Q = \int_{t_1}^{t_2} I(t)\,\text{d}t$	I: elektrische Stromstärke; Q: elektrische Ladung; t: Zeit
elektrischer Widerstand	
$R = \frac{U}{I}$	R: elektrischer Widerstand; U: elektrische Spannung; I: elektrische Stromstärke
Widerstand eines elektrischen Leiters	
$R = \varrho \cdot \frac{\ell}{A}$	R: elektrischer Widerstand; ϱ: spezifischer Widerstand; ℓ: Länge des Leiters; A: Querschnittsfläche des Leiters

Reihen- und Parallelschaltung von Widerständen

Reihenschaltung

$I_{ges} = I_1 = I_2 = \ldots = I_n$

$U_{ges} = U_1 + U_2 + \ldots + U_n$

$R_{ges} = R_1 + R_2 + \ldots + R_n$

I_{ges}: Gesamtstromstärke; $I_1, I_2, \ldots$: Einzelstromstärken;
U_{ges}: Gesamtspannung; $U_1, U_2, \ldots$: Einzelspannungen;
R_{ges}: Gesamtwiderstand; $R_1, R_2, \ldots$: Einzelwiderstände

Parallelschaltung

$I_{ges} = I_1 + I_2 + \ldots + I_n$

$U_{ges} = U_1 = U_2 = \ldots = U_n$

$\frac{1}{R_{ges}} = \frac{1}{R_1} + \frac{1}{R_2} + \ldots + \frac{1}{R_n}$

I_{ges}: Gesamtstromstärke; $I_1, I_2, \ldots$: Einzelstromstärken;
U_{ges}: Gesamtspannung; $U_1, U_2, \ldots$: Einzelspannungen;
R_{ges}: Gesamtwiderstand; $R_1, R_2, \ldots$: Einzelwiderstände

Kirchhoff'sche Gesetze

1. Kirchhoff'sches Gesetz (Knotenregel)

$\sum I_{zu} = \sum I_{ab}$

I_{zu}: Stärken der in den Knoten zufließenden Ströme;
I_{ab}: Stärken der aus dem Knoten abfließenden Ströme

2. Kirchhoff'sches Gesetz (Maschenregel)

$\sum U_i = 0$

U_i: Einzelspannungen in einer Masche

Elektrische Leistung und Energie

elektrische Leistung

$P = U \cdot I$

P: elektrische Leistung; U: elektrische Spannung;
I: elektrische Stromstärke

elektrisch übertragene Energie

$\Delta E = P \cdot \Delta t$

E: Energie; P: elektrische Leistung;
t: Zeit

Energiedifferenz eines geladenen Teilchens beim Durchlaufen einer elektrischen Spannung

$\Delta E = q \cdot U$

E: Energie; q: Ladung des Teilchens;
U: elektrische Spannung

Elektrisches Feld

Kraft zwischen Punktladungen (Coulomb'sches Gesetz)

$F_C = \frac{1}{4\pi \cdot \varepsilon_0 \cdot \varepsilon_r} \cdot \frac{Q_1 \cdot Q_2}{r^2}$

F_C: Coulomb-Kraft; ε_0: elektrische Feldkonstante;
ε_r: Dielektrizitätszahl; Q_1, Q_2: Ladungen;
r: Abstand der Ladungen voneinander

elektrische Feldstärke	
allgemein: $E = \frac{F_{el}}{q}$ Im homogenen Feld eines Plattenkondensators gilt: $E = \frac{U}{d}$ Im Radialfeld einer Punktladung gilt: $E = \frac{1}{4\pi \cdot \varepsilon_0 \cdot \varepsilon_r} \cdot \frac{Q}{r^2}$	E: elektrische Feldstärke; F_{el}: elektrische Kraft; q: Probeladung; U: elektrische Spannung; d: Abstand der Kondensatorplatten; ε_0: elektrische Feldkonstante; ε_r: Dielektrizitätszahl; Q: felderzeugende Ladung; r: Abstand von der Ladung Q
elektrische Flussdichte	
$D = \varepsilon_0 \cdot \varepsilon_r \cdot E$	D: elektrische Flussdichte; ε_0: elektrische Feldkonstante; ε_r: Dielektrizitätszahl; E: elektrische Feldstärke im Vakuum
Flächenladungsdichte	
$\sigma = \frac{Q}{A}$ $\sigma = \varepsilon_0 \cdot \varepsilon_r \cdot E$	σ: Flächenladungsdichte; Q: Ladung; A: Fläche; ε_0: elektrische Feldkonstante; ε_r: Dielektrizitätszahl; E: elektrische Feldstärke im Vakuum
Potenzial im elektrischen Feld	
allgemein: $\varphi = \frac{E}{q}$ Im homogenen Feld eines Plattenkondensators gilt: $\varphi = \frac{U}{d} \cdot s$ Im Radialfeld einer punktförmigen Ladung gilt: $\varphi = -\frac{1}{4\pi \cdot \varepsilon_0 \cdot \varepsilon_r} \cdot \frac{Q}{r}$	φ: elektrisches Potenzial; E: Energie; q: Probeladung; U: elektrische Spannung; d: Abstand der Kondensatorplatten; s: Abstand von der negativen Platte; ε_0: elektrische Feldkonstante; ε_r: Dielektrizitätszahl; Q: felderzeugende Ladung; r: Abstand von der Ladung Q
elektrische Spannung als Potenzialdifferenz	
$U = \varphi_2 - \varphi_1 = \Delta\varphi$	U: elektrische Spannung zwischen den Orten P_1 und P_2; φ_1, φ_2: elektrisches Potenzial am Ort 1 bzw. 2

Wechselstromkreis

Spannung im Wechselstromkreis

Für eine sinusförmige Wechselspannung gilt: $U(t) = U_{max} \cdot \sin(\omega \cdot t)$ $U_{eff} = \frac{U_{max}}{\sqrt{2}}$	U: Momentanwert der elektrischen Spannung; U_{max}: Scheitelwert der elektrischen Spannung; ω: Kreisfrequenz; t: Zeit; U_{eff}: Effektivwert der elektrischen Spannung

Stromstärke im Wechselstromkreis

Für einen sinusförmigen Wechselstrom bei der Wechselspannung $U(t) = U_{max} \cdot \sin(\omega \cdot t)$ gilt: $I(t) = I_{max} \cdot \sin(\omega \cdot t + \Delta\varphi)$ $I_{eff} = \frac{I_{max}}{\sqrt{2}}$	U: Momentanwert der elektrischen Spannung; U_{max}: Scheitelwert der elektrischen Spannung; I: Momentanwert der elektrischen Stromstärke; I_{max}: Scheitelwert der elektrischen Stromstärke; ω: Kreisfrequenz; t: Zeit; $\Delta\varphi$: Phasenverschiebung zwischen U und I; I_{eff}: Effektivwert der elektrischen Stromstärke

Widerstände im Wechselstromkreis

kapazitiver und induktiver Widerstand im Wechselstromkreis

Für eine sinusförmige Wechselspannung gilt: $X_C = \frac{1}{\omega \cdot C}$ $X_L = \omega \cdot L$ mit $\Delta\varphi = \pm\frac{\pi}{2}$ Am Kondensator eilt der Strom der Spannung voraus. An der Spule läuft der Strom der Spannung nach.	X_C: kapazitiver Widerstand; ω: Kreisfrequenz; C: Kapazität; X_L: induktiver Widerstand; L : Induktivität; $\Delta\varphi$: Phasenverschiebung zwischen U und I

Reihenschaltung aus kapazitivem, induktivem und Ohm'schem Widerstand

$Z = \sqrt{R^2 + (X_L - X_C)^2}$	Z: Impedanz (Scheinwiderstand); R: Ohm'scher Widerstand; X_L: induktiver Widerstand; X_C: kapazitiver Widerstand

Leistung im Wechselstromkreis

$P_S = U_{eff} \cdot I_{eff}$ $P_W = U_{eff} \cdot I_{eff} \cdot \cos\Delta\varphi$ $P_B = U_{eff} \cdot I_{eff} \cdot \sin\Delta\varphi$	P_S: Scheinleistung; U_{eff}: Effektivwert der elektrischen Spannung; I_{eff}: Effektivwert der elektrischen Stromstärke; P_W: Wirkleistung; $\Delta\varphi$: Phasenverschiebung zwischen U und I; P_B: Blindleistung

Kondensator

Kapazität eines Kondensators

$C = \frac{Q}{U}$ Für den Plattenkondensator gilt: $C = \varepsilon_0 \cdot \varepsilon_r \cdot \frac{A}{d}$	C: Kapazität des Kondensators; Q: Ladung des Kondensators; U: elektrische Spannung; ε_0: elektrische Feldkonstante; ε_r: Dielektrizitätszahl; A: Flächeninhalt einer Platte; d: Abstand der Kondensatorplatten

Energie des geladenen Kondensators (elektrische Feldenergie)

$E = \frac{1}{2} \cdot C \cdot U^2$	E: Energie; C: Kapazität des Kondensators; U: elektrische Spannung

Aufladen und Entladen eines Kondensators über einen Ohm'schen Widerstand

Aufladen eines Kondensators: $U_C(t) = U_0 \cdot \left(1 - e^{-\frac{t}{R \cdot C}}\right)$ $I(t) = I_0 \cdot e^{-\frac{t}{R \cdot C}}$ $Q(t) = Q_0 \cdot \left(1 - e^{-\frac{t}{R \cdot C}}\right)$ Entladen eines Kondensators: $U_C(t) = U_0 \cdot e^{-\frac{t}{R \cdot C}}$ $I(t) = -I_0 \cdot e^{-\frac{t}{R \cdot C}}$ $Q(t) = Q_0 \cdot e^{-\frac{t}{R \cdot C}}$	U_C: elektrische Spannung am Kondensator; U_0: Quellenspannung beim Aufladen bzw. elektrische Spannung am Kondensator zu Beginn des Entladevorgangs; t: Zeit; R: Ohm'scher Widerstand; C: Kapazität des Kondensators; I: elektrische Stromstärke; I_0: elektrische Stromstärke zu Beginn des Auf- bzw. Entladevorgangs; Q: Ladung des Kondensators; Q_0: Ladung des Kondensators am Ende des Aufladevorgangs bzw. zu Beginn des Entladevorgangs

Differenzialgleichung zur Beschreibung des Aufladevorgangs

$\dot{Q}(t) + \frac{1}{R \cdot C} \cdot Q(t) = \frac{U_0}{R}$ $\frac{dQ}{dt} + \frac{1}{R \cdot C} \cdot Q = \frac{U_0}{R}$	Q: Ladung des Kondensators; R: Ohm'scher Widerstand; C: Kapazität des Kondensators; U_0: Quellenspannung beim Aufladen; t: Zeit

Differenzialgleichung zur Beschreibung des Entladevorgangs

$\dot{Q}(t) + \frac{1}{R \cdot C} \cdot Q(t) = 0$ $\frac{dQ}{dt} + \frac{1}{R \cdot C} \cdot Q = 0$	Q: Ladung des Kondensators; R: Ohm'scher Widerstand; C: Kapazität des Kondensators; t: Zeit

Reihen- und Parallelschaltung von Kondensatoren

Reihenschaltung $Q_{ges} = Q_1 = Q_2 = \ldots = Q_n$ $U_{ges} = U_1 + U_2 + \ldots + U_n$ $\frac{1}{C_{ges}} = \frac{1}{C_1} + \frac{1}{C_2} + \ldots + \frac{1}{C_n}$	Q_{ges}: Gesamtladung; $Q_1, Q_2, \ldots$: Einzelladungen; U_{ges}: Gesamtspannung; $U_1, U_2, \ldots$: Einzelspannungen; C_{ges}: Gesamtkapazität; $C_1, C_2, \ldots$: Einzelkapazitäten

Parallelschaltung

$Q_{ges} = Q_1 + Q_2 + \ldots + Q_n$	Q_{ges}: Gesamtladung;	$Q_1, Q_2, \ldots$: Einzelladungen;
$U_{ges} = U_1 = U_2 = \ldots = U_n$	U_{ges}: Gesamtspannung;	$U_1, U_2, \ldots$: Einzelspannungen;
$C_{ges} = C_1 + C_2 + \ldots + C_n$	C_{ges}: Gesamtkapazität;	$C_1, C_2, \ldots$: Einzelkapazitäten

Magnetisches Feld

magnetische Flussdichte

$B = \frac{F}{I \cdot s}$

Außerhalb eines geraden stromdurchflossenen Leiters gilt:

$B = \mu_0 \cdot \mu_r \cdot \frac{I}{2\pi \cdot r}$

Innerhalb einer stromdurchflossenen langgestreckten Spule gilt:

$B = \mu_0 \cdot \mu_r \cdot \frac{N \cdot I}{\ell}$

B: magnetische Flussdichte;
F: Kraft auf den stromdurchflossenen Leiter;
I: elektrische Stromstärke;
s: wirksame Länge des Leiters im Magnetfeld;
μ_0: magnetische Feldkonstante;
μ_r: Permeabilitätszahl des Mediums;
r: Abstand vom Leiter;
N: Windungszahl der Spule;
ℓ: Länge der Spule

magnetische Feldstärke

Innerhalb einer stromdurchflossenen langgestreckten Spule gilt:

$H = N \cdot \frac{I}{\ell}$

Außerhalb eines geraden stromdurchflossenen Leiters gilt:

$H = \frac{I}{2\pi \cdot r}$

H: magnetische Feldstärke;
F: Kraft auf den stromdurchflossenen Leiter;
N: Windungszahl der Spule;
ℓ: Länge der Spule;
I: elektrische Stromstärke;
r: Abstand vom Leiter

Lorentz-Kraft auf bewegte Ladungsträger

allgemein: $\vec{F}_L = q \cdot (\vec{v} \times \vec{B})$

$F_L = q \cdot v \cdot B \cdot \sin\alpha$

Unter der Bedingung $\vec{v} \perp \vec{B}$ gilt:

$F_L = q \cdot v \cdot B$

F_L: Lorentz-Kraft;
q: Ladung;
v: Geschwindigkeit;
B: magnetische Flussdichte;
α: Winkel zwischen Geschwindigkeit und magnetischer Flussdichte

Hall-Spannung

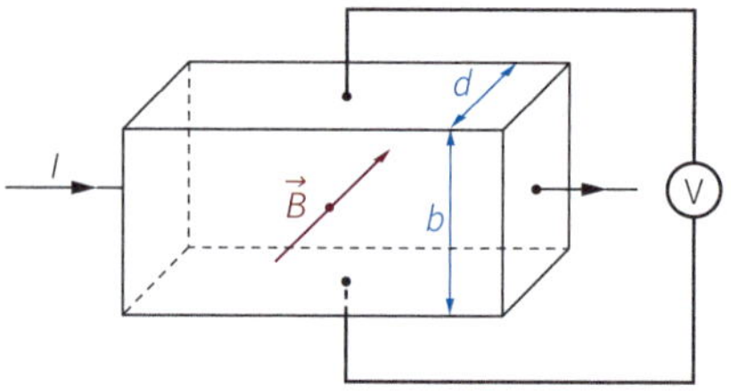

$U_H = R_H \cdot \frac{I \cdot B}{d}$ $U_H = b \cdot v \cdot B$ $R_H = \frac{1}{n \cdot q}$

U_H: Hall-Spannung; R_H: Hall-Konstante;
I: elektrische Stromstärke durch das Plättchen;
B: magnetische Flussdichte; d: Dicke des Plättchens;
b: Breite des Plättchens;
v: Geschwindigkeit der Ladungsträger durch das Plättchen
n: Ladungsträgerdichte; q: Ladung des Ladungsträgers

Induktion

magnetischer Fluss

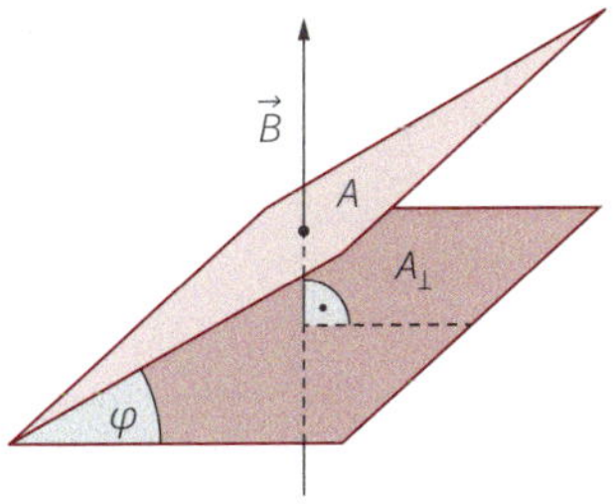

$\Phi = B \cdot A_\perp = B \cdot A \cdot \cos\varphi$

Φ: magnetischer Fluss;

B: magnetische Flussdichte;

$A_\perp$: wirksamer Flächeninhalt;

A: Flächeninhalt;

φ: Winkel zwischen Fläche und wirksamer Fläche

Induktionsgesetz

Für eine Leiterschleife gilt:

$U_{ind}(t) = -\frac{d\Phi}{dt} = -\dot{\Phi}(t)$

Für eine Spule gilt:

$U_{ind} = -N \cdot \frac{\Delta\Phi}{\Delta t}$

Induktion durch Änderung der magnetischen Flussdichte bei $A_\perp$ = konstant:

$U_{ind} = -N \cdot A_\perp \cdot \frac{\Delta B}{\Delta t}$

$U_{ind}(t) = -N \cdot A_\perp \cdot \frac{dB}{dt} = -N \cdot A_\perp \cdot \dot{B}(t)$

Induktion durch Änderung des wirksamen Flächeninhalts bei B = konstant:

$U_{ind} = -N \cdot B \cdot \frac{\Delta A_\perp}{\Delta t}$

$U_{ind}(t) = -N \cdot B \cdot \frac{dA_\perp}{dt} = -N \cdot B \cdot \dot{A}_\perp(t)$

Induktionsspannung am bewegten Leiter im homogenen Magnetfeld:

Unter der Bedingung $\vec{v} \perp \vec{B}$ gilt:

$U_{ind} = -B \cdot \ell \cdot v$

U_{ind}: induzierte Spannung;

Φ: magnetischer Fluss;

t: Zeit;

N: Windungszahl der Spule;

$A_\perp$: wirksamer Flächeninhalt;

B: magnetische Flussdichte;

ℓ: wirksame Länge des Leiters;

v: Geschwindigkeit des Leiters

Transformator

Verhältnis der Spannungen eines unbelasteten idealen Transformators

$\frac{U_1}{U_2} = \frac{N_1}{N_2}$

U_1: elektrische Spannung an der felderzeugenden Spule (Primärspule);

U_2: elektrische Spannung an der Induktionsspule (Sekundärspule);

N_1: Windungszahl der felderzeugenden Spule (Primärspule);

N_2: Windungszahl der Induktionsspule (Sekundärspule)

Verhältnis der Ströme eines stark belasteten idealen Transformators (Kurzschlussfall)

$\frac{I_1}{I_2} = \frac{N_2}{N_1}$	I_1: elektrische Stromstärke durch die felderzeugende Spule (Primärspule); I_2: elektrische Stromstärke durch die Induktionsspule (Sekundärspule); N_1: Windungszahl der felderzeugenden Spule (Primärspule); N_2: Windungszahl der Induktionsspule (Sekundärspule)

Spule

Induktivität einer langgestreckten Spule

$L = \frac{\mu_0 \cdot \mu_r \cdot N^2 \cdot A}{\ell}$	L: Induktivität; μ_r: Permeabilitätszahl des Mediums; A: Querschnittsfläche der Spule;	μ_0: magnetische Feldkonstante; N: Windungszahl der Spule; ℓ: Länge der Spule

Selbstinduktionsspannung einer Spule

$U_{ind} = -L \cdot \frac{\Delta I}{\Delta t}$ allgemein: $U_{ind}(t) = -L \cdot \frac{dI}{dt} = -L \cdot \dot{I}(t)$	U_{ind}: induzierte Spannung; I: elektrische Stromstärke;	L: Induktivität; t: Zeit

Energie der stromdurchflossenen Spule (magnetische Feldenergie)

$E = \frac{1}{2} \cdot L \cdot I^2$	E: Energie; I: elektrische Stromstärke	L: Induktivität;

Schaltvorgänge an einer Spule

Einschaltvorgang: $I(t) = I_0 \cdot \left(1 - e^{-\frac{R}{L} \cdot t}\right)$ Ausschaltvorgang: $I(t) = I_0 \cdot e^{-\frac{R}{L} \cdot t}$	I: elektrische Stromstärke; I_0: elektrische Stromstärke durch die Spule am Ende bzw. zu Beginn des Schaltvorgangs; R: Ohm'scher Widerstand; L: Induktivität der Spule; t: Zeit

Differenzialgleichung zur Beschreibung des Ausschaltvorgangs

$\dot{I}(t) + \frac{R}{L} \cdot I(t) = 0$ $\frac{dI}{dt} + \frac{R}{L} \cdot I = 0$	I: Stromstärke; R: Ohm'scher Widerstand;	t: Zeit; L: Induktivität der Spule

Differenzialgleichung zur Beschreibung des Einschaltvorgangs

$\dot{I}(t) + \frac{R}{L} \cdot I(t) = \frac{U_0}{L}$ $\frac{dI}{dt} + \frac{R}{L} \cdot I = \frac{U_0}{L}$	I: Stromstärke; R: Ohm'scher Widerstand; U_0: Quellenspannung beim Einschalten	t: Zeit; L: Induktivität der Spule;

Elektromagnetische Schwingungen

Periodendauer einer ungedämpften elektromagnetischen Schwingung im Schwingkreis (Thomson'sche Schwingungsgleichung)

$T = 2\pi \cdot \sqrt{L \cdot C}$	T: Periodendauer; L: Induktivität; C: Kapazität

Schwingungsgleichungen der ungedämpften harmonischen elektromagnetischen Schwingung

Für einen bei $t = 0\,\text{s}$ geladenen Kondensator gilt: $U(t) = U_{\max} \cdot \cos(\omega \cdot t)$; $I(t) = -I_{\max} \cdot \sin(\omega \cdot t)$; $Q(t) = Q_{\max} \cdot \cos(\omega \cdot t)$	U: elektrische Spannung; $U_{\max}$: maximale auftretende elektrische Spannung; ω: Kreisfrequenz; t: Zeit; I: elektrische Stromstärke; $I_{\max}$: maximale auftretende elektrische Stromstärke; Q: Ladung des Kondensators; $Q_{\max}$: maximale Ladung des Kondensators

Differenzialgleichung der ungedämpften harmonischen elektromagnetischen Schwingung

$\ddot{Q}(t) + \frac{1}{L \cdot C} \cdot Q(t) = 0$; $\frac{\mathrm{d}^2 Q}{\mathrm{d}t^2} + \frac{1}{L \cdot C} \cdot Q = 0$	Q: Ladung des Kondensators; t: Zeit; L: Induktivität; C: Kapazität

gedämpfte harmonische elektromagnetische Schwingung (Schwingfall)

Für einen bei $t = 0\,\text{s}$ geladenen Kondensator gilt: $Q(t) = Q_{\max} \cdot \mathrm{e}^{-\delta \cdot t} \cdot \cos(\omega_\mathrm{D} \cdot t)$; mit: $\omega_\mathrm{D} = \sqrt{\omega^2 - \delta^2}$	Q: Ladung des Kondensators; $Q_{\max}$: maximale Ladung des Kondensators; δ: Abklingkoeffizient; t: Zeit; ω_D: Kreisfrequenz der gedämpften Schwingung; ω: Kreisfrequenz der ungedämpften Schwingung

Differenzialgleichung der gedämpften harmonischen elektromagnetischen Schwingung

$\ddot{Q}(t) + 2\delta \cdot \dot{Q}(t) + \frac{1}{L \cdot C} \cdot Q(t) = 0$; $\frac{\mathrm{d}^2 Q}{\mathrm{d}t^2} + 2\delta \cdot \frac{\mathrm{d}Q}{\mathrm{d}t} + \frac{1}{L \cdot C} \cdot Q = 0$; mit: $\delta = \frac{R}{2L}$	Q: Ladung des Kondensators; t: Zeit; δ: Abklingkoeffizient; L: Induktivität; C: Kapazität; R: Ohm'scher Widerstand

Grundfrequenz eines Dipols

$f = \frac{c}{2\ell}$	f: Frequenz; c: Ausbreitungsgeschwindigkeit; ℓ: Länge des Dipols

Elektromagnetische Wellen

Ausbreitungsgeschwindigkeit elektromagnetischer Wellen im Vakuum

$c = \frac{1}{\sqrt{\varepsilon_0 \cdot \mu_0}}$	c: Ausbreitungsgeschwindigkeit elektromagnetischer Wellen im Vakuum; μ_0: magnetische Feldkonstante; ε_0: elektrische Feldkonstante

Intensität ungedämpfter elektromagnetischer Wellen

$I = \frac{P}{A}$ $I = \frac{1}{2} \cdot c \cdot \varepsilon_0 \cdot E_{max}^2$ $I = \frac{1}{2} \cdot c \cdot \frac{1}{\mu_0} \cdot B_{max}^2$	I: Intensität; P: Leistung; A: Flächeninhalt; c: Ausbreitungsgeschwindigkeit; ε_0: elektrische Feldkonstante; E_{max}: maximale elektrische Feldstärke des elektrischen Felds der Welle; μ_0: magnetische Feldkonstante; B_{max}: maximale magnetische Flussdichte des magnetischen Felds der Welle

3.3 Optik

Geometrische Optik

Reflexionsgesetz

$\alpha = \alpha'$	α: Einfallswinkel; α': Reflexionswinkel

Brechung

Brechungsgesetz

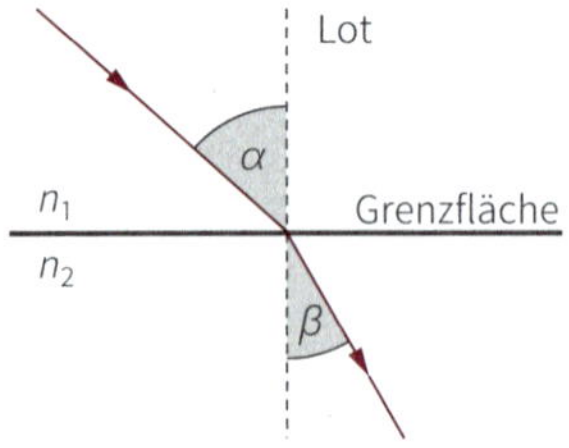

$n_2 > n_1$

$\frac{\sin\alpha}{\sin\beta} = \frac{n_2}{n_1} = \frac{c_1}{c_2}$

α: Einfallswinkel;
β: Brechungswinkel;
n_1, n_2: Brechzahlen der optischen Medien;
c_1, c_2: Lichtgeschwindigkeiten in den optischen Medien

Brechzahl

$n = \frac{c_{Vakuum}}{c_{Medium}}$	n: Brechzahl des optischen Mediums; c_{Vakuum}: Vakuumlichtgeschwindigkeit; c_{Medium}: Lichtgeschwindigkeit im optischen Medium

Grenzwinkel der Totalreflexion

$\sin\alpha_G = \frac{n_2}{n_1}$	α_G: Grenzwinkel der Totalreflexion; n_1, n_2: Brechzahlen der optischen Medien

Abbildungsgleichung für dünne Linsen und für Spiegel	
$\frac{1}{f} = \frac{1}{g} + \frac{1}{b}$	f: Brennweite; g: Gegenstandsweite; b: Bildweite

Abbildungsmaßstab für dünne Linsen und für Spiegel		
$A = \frac{B}{G} = \frac{b}{g}$	A: Abbildungsmaßstab; G: Gegenstandsgröße; g: Gegenstandsweite	B: Bildgröße; b: Bildweite;

Wellenoptik

Interferenz

Doppelspalt	
Für Maxima gilt: $\frac{k \cdot \lambda}{g} = \sin \alpha_k$ $k = 0, 1, 2, \ldots$ Für Minima gilt: $\frac{(2k-1) \cdot \frac{\lambda}{2}}{g} = \sin \alpha_k$ $k = 1, 2, 3, \ldots$	λ: Wellenlänge; g: Spaltmittenabstand; α_k: Winkel, unter dem das Maximum bzw. Minimum *k*-ter Ordnung erscheint

Gitter	
Für Hauptmaxima gilt: $\frac{k \cdot \lambda}{g} = \sin \alpha_k$ $k = 0, 1, 2, \ldots$	λ: Wellenlänge; g: Spaltmittenabstand; α_k: Winkel, unter dem das Hauptmaximum *k*-ter Ordnung erscheint

Einzelspalt	
Für Minima gilt: $\frac{k \cdot \lambda}{d} = \sin \alpha_k$ $k = 1, 2, 3, \ldots$ Für Maxima ab der ersten Ordnung gilt (Näherung): $\frac{(2k+1) \cdot \frac{\lambda}{2}}{d} = \sin \alpha_k$ $k = 1, 2, 3, \ldots$	λ: Wellenlänge; d: Spaltbreite; α_k: Winkel, unter dem das Maximum bzw. Minimum *k*-ter Ordnung erscheint

Bragg-Beziehung		
$2d \cdot \sin \varphi_k = k \cdot \lambda$ $k = 1, 2, 3, \ldots$	d: Netzebenenabstand; λ: Wellenlänge	φ_k: Glanzwinkel (zur Netzebene);

Rayleigh'sches Kriterium der Auflösung

$\alpha_k = 1{,}22 \cdot \frac{\lambda}{d}$

λ: Wellenlänge; d: Durchmesser der Öffnung;

α_k: kritischer Winkel, bei dem die beiden Quellen gerade noch getrennt wahrgenommen werden

Durchlässigkeit beim linearen Polarisationsfilter

$\frac{I}{I_0} = (\cos\varphi)^2$

I: Intensität der durchgelassenen Welle;

I_0: Intensität der einlaufenden Welle;

φ: Winkel zwischen der Schwingungsrichtung des einfallenden Lichts und der Polarisationsachse des Filters

Brewster-Gesetz zur Polarisation des Lichts, senkrecht zur Zeichenebene

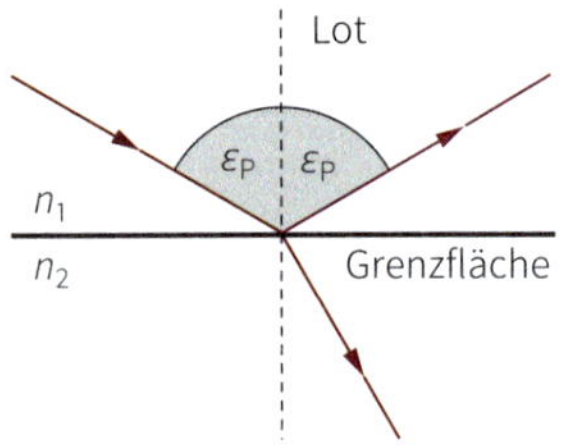

$n_1 < n_2$

$\tan\varepsilon_P = \frac{c_1}{c_2} = \frac{n_2}{n_1}$

ε_P: Polarisationswinkel (Einfallswinkel);

c_1, c_2: Lichtgeschwindigkeit im optischen Medium;

n_1, n_2: Brechzahlen der optischen Medien

3.4 Quantenphysik und Materie

Quantenobjekte

Energie eines Photons

$E = h \cdot f$

E: Energie; h: Planck'sches Wirkungsquantum;

f: Frequenz des Photons

Energiebilanz beim Fotoeffekt

$E_{kin,max} = h \cdot f - W_A$

$E_{kin,max}$: maximale kinetische Energie der Fotoelektronen;

h: Planck'sches Wirkungsquantum;

f: Frequenz des Photons; W_A: Auslösearbeit

Impuls eines Photons

$p = \frac{E}{c}$

p: Impuls; E: Energie;

c: Lichtgeschwindigkeit

Wellenlänge eines Quantenobjekts (de-Broglie-Wellenlänge)

$\lambda = \frac{h}{p}$

λ: Wellenlänge; h: Planck'sches Wirkungsquantum;

p: Impuls des Quantenobjekts

Compton-Effekt	
$\Delta\lambda = \lambda_C \cdot (1 - \cos\varphi)$ mit: $\lambda_C = \frac{h}{m \cdot c}$	$\Delta\lambda$: Änderung der Wellenlänge; λ_C: Compton-Wellenlänge; φ: Streuwinkel (Winkel zwischen der Richung des eingestrahlten und der Richtung des gestreuten Photons); h: Planck'sches Wirkungsquantum; m: Masse des Quantenobjekts; c: Lichtgeschwindigkeit
Heisenberg'sche Unbestimmtheitsrelation	
$\Delta x \cdot \Delta p_x \geq \frac{h}{4\pi}$	Δx: Ortsunbestimmtheit; Δp_x: Impulsunbestimmtheit; h: Planck'sches Wirkungsquantum
Energie-Zeit-Unbestimmtheitsrelation	
$\Delta E \cdot \Delta t \geq \frac{h}{4\pi}$	ΔE: Energieunbestimmtheit; Δt: Zeitunbestimmtheit; h: Planck'sches Wirkungsquantum
zeitunabhängige Schrödingergleichung	
$\Psi_n''(x) = \frac{8\pi^2 \cdot m}{h^2} \cdot \left(E_{pot}(x) - E_n\right) \cdot \Psi_n(x)$ $n = 1, 2, 3, \ldots$ Lösung für den Potenzialtopf mit unendlich hohen Wänden: $\Psi_n(x) = A_n \cdot \sin\left(\frac{\pi \cdot n}{L} \cdot x\right)$ für $0 < x < L$, sonst: $\Psi_n(x) = 0$	Ψ: Wellenfunktion; m: Masse h: Planck'sches Wirkungsquantum; x: Ort; E_{pot}: potenzielle Energie; E_n: Energiewerte; A_n: Normierungsfaktor; L: Länge des Potenzialtopfes

Atomhülle

Frequenzbedingung für Übergänge zwischen den diskreten Energieniveaus	
$h \cdot f = E_m - E_n = \Delta E$ $n, m = 1, 2, 3, \ldots$	h: Planck'sches Wirkungsquantum; f: Frequenz; E_m, E_n: Energieniveaus; ΔE: Energiedifferenz
Spektrallinien des Wasserstoffatoms	
$f = c \cdot R_H \cdot \left(\frac{1}{n^2} - \frac{1}{m^2}\right)$ $n, m = 1, 2, 3, \ldots$ $m > n$	f: Frequenz; c: Vakuumlichtgeschwindigkeit; R_H: Rydberg-Konstante des Wasserstoffatoms
Energieniveaus des Wasserstoffatoms (ohne Korrektur des mitbewegten Kerns)	
$E_n = -\frac{m_e \cdot e^4}{8\varepsilon_0^2 \cdot h^2} \cdot \frac{1}{n^2} = -13{,}6\,\text{eV} \cdot \frac{1}{n^2}$ $n = 1, 2, 3, \ldots$	E_n: Energieniveau des Wasserstoffatoms; m_e: Elektronenmasse; e: Elementarladung; ε_0: elektrische Feldkonstante; h: Planck'sches Wirkungsquantum

Energieniveaus eines Ein-Elektronen-Atoms (ohne Korrektur des mitbewegten Kerns)	
$E_n = -\frac{m_e \cdot e^4}{8\varepsilon_0^2 \cdot h^2} \cdot \frac{Z^2}{n^2} = -13{,}6\,\text{eV} \cdot \frac{Z^2}{n^2}$ $n = 1, 2, 3, \ldots$	E_n: Energieniveau eines Ein-Elektronen-Atoms; m_e: Elektronenmasse; e: Elementarladung; ε_0: elektrische Feldkonstante; h: Planck'sches Wirkungsquantum; Z: Ordnungszahl

Moseley-Gesetz für die K_α-Linie eines Röntgenspektrums	
$E_{K_\alpha} = 13{,}6\,\text{eV} \cdot \frac{3}{4} \cdot (Z-1)^2$	E_{K_α}: Energie des beim K_α-Übergang emittierten Photons; Z: Ordnungszahl

Energie im eindimensionalen Potenzialtopf mit unendlich hohen Wänden	
$E_n = \frac{h^2}{8m \cdot L^2} \cdot n^2$ $n = 1, 2, 3, \ldots$ Im Inneren gilt: $E_{pot} = 0\,\text{eV}$	E_n: Energieniveau; h: Planck'sches Wirkungsquantum; m: Masse des Quantenobjekts; L: Länge des Potenzialtopfes

Materiewellenlänge bei stationären Zuständen im eindimensionalen Potenzialtopf	
$\lambda_n = 2 \cdot \frac{L}{n}$ $n = 1, 2, 3, \ldots$	λ_n: Materiewellenlänge; L: Länge des Potenzialtopfes

3.5 Wärmelehre

Grundgleichung der Wärmelehre	
$Q = \Delta E = c \cdot m \cdot \Delta T$	Q: aufgenommene bzw. abgegebene Wärme; E: Energie; c: spezifische Wärmekapazität; m: Masse; T: Temperatur

Entropieänderung	
$\Delta S = \frac{Q_{rev}}{T}$	S: Entropie; Q_{rev}: reversibel aufgenommene bzw. abgegebene Wärme; T: Temperatur

Hauptsätze der Wärmelehre	
1. Hauptsatz	
$\Delta U = Q + W$	U: innere Energie; Q: Wärme; W: Arbeit
2. Hauptsatz	
$\Delta S \geq 0$	S: Entropie

Zustandsgleichung für ideale Gase	
$\frac{p \cdot V}{T} = \text{konstant}$	p: Druck; V: Volumen; T: Temperatur

Thermisches Verhalten von Festkörpern, Flüssigkeiten und Gasen	
Aggregatzustandsänderungen	
Verdampfungswärme	
$Q_V = q_V \cdot m$	Q_V: Verdampfungswärme; q_V: spezifische Verdampfungswärme; m: Masse
Schmelzwärme	
$Q_S = q_S \cdot m$	Q_S: Schmelzwärme; q_S: spezifische Schmelzwärme; m: Masse
Wärmeleitung	
$Q = \Delta E = \lambda \cdot A \cdot \frac{\Delta T}{d} \cdot \Delta t$	Q: Wärme; E: Energie; λ: Wärmeleitfähigkeitskoeffizient; A: Flächeninhalt; T: Temperatur; d: Dicke/Länge des Körpers; t: Zeit
Thermische Längenänderung	
$\Delta \ell = \alpha \cdot \ell_0 \cdot \Delta T$	ℓ: Länge; α: Längenausdehnungskoeffizient; ℓ_0: Ausgangslänge; T: Temperatur
Thermische Volumenänderung	
$\Delta V = \gamma \cdot V_0 \cdot \Delta T$	V: Volumen; γ: Volumenausdehnungskoeffizient; V_0: Ausgangsvolumen; T: Temperatur

3.6 Spezielle Relativitätstheorie

Galilei-Transformation		
$S \rightarrow S'$	$S' \rightarrow S$	x, y, z: Koordinaten im Inertialsystem S;
$x' = x - v \cdot t$	$x = x' + v \cdot t$	x', y', z': Koordinaten im Inertialsystem S';
$y' = y$	$y = y'$	t, t': Zeiten in den jeweiligen Systemen;
$z' = z$	$z = z'$	v: Relativgeschwindigkeit der Inertialsysteme S und S'
$t' = t$	$t = t'$	

Lorentz-Faktor

$\gamma = \frac{1}{\sqrt{1-\left(\frac{v}{c}\right)^2}}$	γ: Lorentz-Faktor; v: Relativgeschwindigkeit der Inertialsysteme S und S′; c: Lichtgeschwindigkeit

Lorentz-Transformation

S → S′	S′ → S	x, y, z: Koordinaten im Inertialsystem S;
$x' = \gamma \cdot (x - v \cdot t)$	$x = \gamma \cdot (x' + v \cdot t')$	x', y', z': Koordinaten im Inertialsystem S′;
$y' = y$	$y = y'$	t, t': Zeiten in den jeweiligen Systemen;
$z' = z$	$z = z'$	v: Relativgeschwindigkeit der Inertialsysteme S und S′ zueinander;
$t' = \gamma \cdot \left(t - \frac{v}{c^2} \cdot x\right)$	$t = \gamma \cdot \left(t' + \frac{v}{c^2} \cdot x'\right)$	γ: Lorentz-Faktor;
		c: Lichtgeschwindigkeit

Zeitdilatation

$\Delta t = \gamma \cdot \Delta t_0$	Δt: Zeitdauer, die ein Beobachter aus seinem Ruhesystem S für einen Vorgang misst; γ: Lorentz-Faktor; Δt_0: Zeitdauer, in der im dazu mit der Relativgeschwindigkeit v bewegten Bezugssystem S' ein Vorgang abläuft

Längenkontraktion

$\ell = \frac{\ell_0}{\gamma}$	ℓ: Länge eines im bewegten Bezugssystem S' ruhenden Stabes, die ein Beobachter aus seinem Ruhesystem S misst; ℓ_0: Länge eines im bewegten Bezugssystem S' ruhenden Stabes, im bewegten Bezugssystem S' gemessen; γ: Lorentz-Faktor

Impuls

$p = \gamma \cdot m \cdot v$	p: Impuls;	γ: Lorentz-Faktor;
	m: Masse;	v: Geschwindigkeit

Energie

$E = \gamma \cdot m \cdot c^2 = E_0 + E_{kin}$	E: Energie;	γ: Lorentz-Faktor;
	m: Masse;	c: Lichtgeschwindigkeit;
	E_0: Ruheenergie;	E_{kin}: kinetische Energie

Energie-Impuls-Beziehung

$E^2 = c^2 p^2 + E_0^2$	E: Energie;	c: Lichtgeschwindigkeit
	p: Impuls;	E_0: Ruheenergie

3.7 Kernphysik

Nukleonen	
$A = Z + N$	A: Nukleonenzahl, Massenzahl; N: Neutronenzahl Z: Protonenzahl, Kernladungszahl

Freisetzung von α-, β-, γ-Strahlung	
α-Zerfall: $^{A}_{Z}X \rightarrow ^{A-4}_{Z-2}Y + ^{4}_{2}He$ β-Zerfälle: $^{A}_{Z}X \rightarrow ^{A}_{Z+1}Y + ^{0}_{-1}e + ^{0}_{0}\overline{\nu}_e$ $^{A}_{Z}X \rightarrow ^{A}_{Z-1}Y + ^{0}_{1}e + ^{0}_{0}\nu_e$ γ-Strahlung: $^{A}_{Z}X^{*} \rightarrow ^{A}_{Z}X + ^{0}_{0}\gamma$	A: Massenzahl; Z: Protonenzahl, Kernladungszahl; X, Y: Elementsymbol; X^{*}: angeregtes Nuklid; $\overline{\nu}_e$: Elektron-Antineutrino; ν_e: Elektron-Neutrino

Aktivität einer radioaktiven Substanz	
$A(t) = -\dot{N}(t) = -\frac{dN}{dt} = \lambda \cdot N(t)$	A: Aktivität; N: Anzahl der noch nicht zerfallenen Kerne; λ: Zerfallskonstante

Zerfallsgesetz	
$N(t) = N_0 \cdot e^{-\lambda \cdot t}$ $N(t) = N_0 \cdot \left(\frac{1}{2}\right)^{\frac{t}{T_{1/2}}}$ mit: $T_{1/2} = \frac{\ln 2}{\lambda}$	N: Anzahl der noch nicht zerfallenen Kerne; N_0: Anzahl der ursprünglich vorhandenen Kerne; λ: Zerfallskonstante; t: Zeit; $T_{1/2}$: Halbwertszeit

Absorptionsgesetz	
$z(d) = z_0 \cdot e^{-\mu \cdot d} = z_0 \cdot \left(\frac{1}{2}\right)^{\frac{d}{D_{1/2}}}$	z: Zählrate (hinter einem Absorber der Dicke d); z_0: Zählrate (ohne Absorber, gleicher Ort); μ: Schwächungskoeffizient; $D_{1/2}$: Halbwertsdicke

Energiedosis	
$D = \frac{E}{m}$	D: Energiedosis; E: aufgenommene Energie; m: Masse

Äquivalentdosis		
$H = D \cdot q$	H: Äquivalentdosis; q: Qualitätsfaktor	D: Energiedosis;

Effektive Dosis	
$E = w_{T_1} \cdot H_{T_1} + w_{T_2} \cdot H_{T_2} + \ldots$	E: Effektive Dosis; $w_{T_1}, w_{T_2}, \ldots$: Gewebe-Wichtungsfaktoren; $H_{T_1}, H_{T_2}, \ldots$: Organ-Äquivalentdosen

Bindungsenergie des Kerns		
$E_B = \Delta m \cdot c^2$ mit: $\Delta m = Z \cdot m_p + N \cdot m_n - m_K$	E_B: Bindungsenergie; c: Lichtgeschwindigkeit; m_p: Protonenmasse; m_n: Neutronenmasse;	Δm: Massendefekt; Z: Protonenzahl, Kernladungszahl; N: Neutronenzahl; m_K: Kernmasse

Freiwerdende Energie bei Kernreaktionen (Q-Wert)		
$Q = \Delta E = (m_{vor} - m_{nach}) \cdot c^2$	Q: Q-Wert der Kernreaktion; m_{vor}: Masse vor der Kernreaktion; c: Lichtgeschwindigkeit;	E: Energie; m_{nach}: Masse nach der Kernreaktion;

Kernradius		
$r_K \approx 1{,}4 \cdot 10^{-15}\,\text{m} \cdot \sqrt[3]{A}$	r_K: Kernradius;	A: Massenzahl

3.8 Astrophysik

Kepler'sche Gesetze

1. Kepler'sches Gesetz

Die Planeten bewegen sich auf Ellipsenbahnen, in deren einem Brennpunkt die Sonne steht.

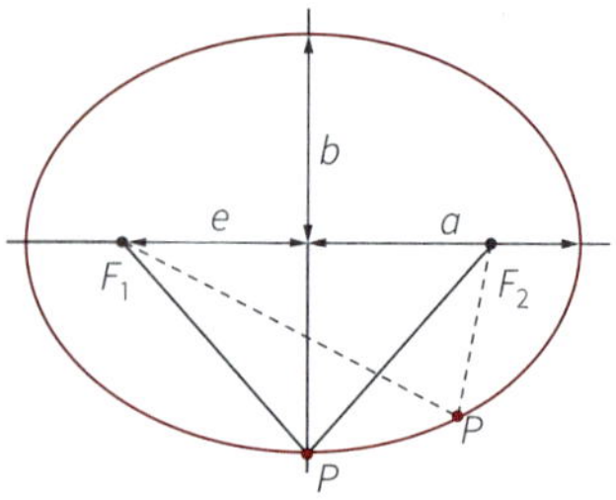

mit: $\varepsilon = \frac{e}{a}$

a, b: große bzw. kleine Halbachse;
e: lineare Exzentrizität;
F_1, F_2: Brennpunkte;
P: Planet;
ε: numerische Exzentrizität

2. Kepler'sches Gesetz

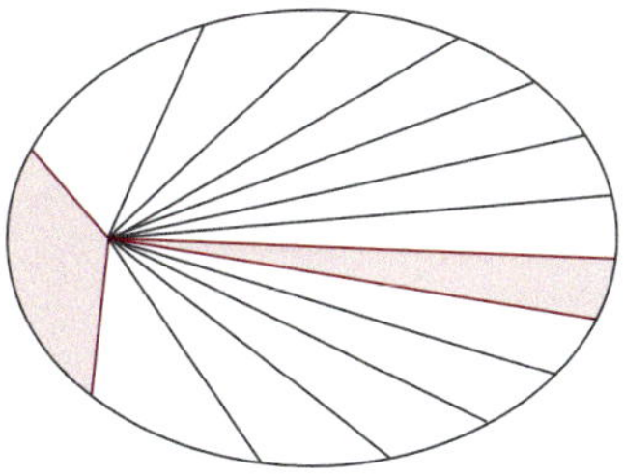

$\frac{\Delta A}{\Delta t} = \text{konstant}$

A: Flächeninhalt der vom Leitstrahl überstrichenen Fläche;

t: Zeit

3. Kepler'sches Gesetz

$\frac{T_1^2}{T_2^2} = \frac{a_1^3}{a_2^3}$

T_1, T_2: Umlaufzeiten der Objekte beim Umlauf um den Zentralkörper;

a_1, a_2: große Halbachsen der Objekte beim Umlauf um den Zentralkörper

Bewegung im Gravitationsfeld

Bahngeschwindigkeit eines Körpers auf einer Keplerellipse

$v = \sqrt{G \cdot M \cdot \left(\frac{2}{r} - \frac{1}{a}\right)}$

v: Bahngeschwindigkeit; G: Gravitationskonstante;

M: Masse des Zentralkörpers; r: Abstand vom Zentralkörper;

a: große Halbachse der Bahnellipse

Zweikörperproblem

$\frac{T^2}{a^3} = \frac{4\pi^2}{G \cdot (m_1 + m_2)}$

mit: $a = a_1 + a_2$

T: Umlaufzeit;

a_1, a_2: große Halbachsen der Himmelskörper (gemeinsamer Schwerpunkt);

G: Gravitationskonstante;

m_1, m_2: Massen

Schwerpunktsatz

$m_1 \cdot a_1 = m_2 \cdot a_2$

m_1, m_2: Massen;

a_1, a_2: große Halbachsen der Himmelskörper (gemeinsamer Schwerpunkt)

Umlaufzeiten

$\frac{1}{T_{sid}} = \frac{1}{T_{Erde}} \pm \frac{1}{T_{syn}}$

T_{sid}: siderische Umlaufzeit; T_{Erde}: Umlaufzeit der Erde;

T_{syn}: synodische Umlaufzeit

Kreisbahngeschwindigkeit

$v = \sqrt{\frac{G \cdot M}{r}}$

v: Geschwindigkeit; G: Gravitationskonstante;

M: Masse des Zentralkörpers;

r: Abstand vom Mittelpunkt des Zentralkörpers

Fluchtgeschwindigkeit

$v = \sqrt{\frac{2 \cdot G \cdot M}{r}}$	v: Geschwindigkeit; G: Gravitationskonstante; M: Masse des Zentralkörpers; r: Abstand vom Mittelpunkt des Zentralkörpers

Schwarzschild-Radius eines schwarzen Lochs

$R_S = \frac{2 \cdot G \cdot M}{c^2}$	R_S: Radius des Ereignishorizonts des schwarzen Lochs; G: Gravitationskonstante; M: Masse des schwarzen Lochs; c: Lichtgeschwindigkeit

Strahlungsgesetze

Bestrahlungsstärke

$E = \frac{\Phi}{4\pi \cdot r^2}$	E: Bestrahlungsstärke; Φ: Strahlungsleistung, Leuchtkraft; r: Abstand vom Körper

Empirische Masse-Leuchtkraft-Beziehung (Näherung)

$L \sim M^3$	L: Leuchtkraft eines Hauptreihensterns; M: Masse des Sterns

Stefan-Boltzmann-Gesetz für schwarze Strahler

$\Phi = \sigma \cdot A \cdot T^4$	Φ: Strahlungsleistung, Leuchtkraft; σ: Stefan-Boltzmann-Konstante; A: Flächeninhalt der abstrahlenden Fläche; T: Temperatur

Wien'sches Verschiebungsgesetz

$\lambda_{max} \cdot T = b$	λ_{max}: Wellenlänge des Maximums der spektralen Verteilung der Strahlungsintensität; T: Temperatur; b: Wien'sche Verschiebungskonstante

Entfernung und Helligkeit

Trigonometrische Parallaxe p in Bogensekunden

$\frac{r}{1\,\text{pc}} = \frac{1''}{p}$	r: Entfernung des Sterns; p: trigonometrische Parallaxe

Eigenbewegung

$v_t = \mu \cdot r$	v_t: Tangentialgeschwindigkeit; μ: Winkelgeschwindigkeit des Sterns (Eigenbewegung); r: Entfernung des Sterns

Beziehung zwischen den scheinbaren Helligkeiten m_1 und m_2 zweier Sterne

$m_1 - m_2 = -2{,}5 \cdot \lg\left(\frac{E_1}{E_2}\right)$	m_1, m_2: scheinbare Helligkeiten; E_1, E_2: Bestrahlungsstärken

Beziehung zwischen den absoluten Helligkeiten M_1 und M_2 zweier Sterne

$M_1 - M_2 = -2{,}5 \cdot \lg\left(\frac{L_1}{L_2}\right)$	M_1, M_2: absolute Helligkeiten; L_1, L_2: Leuchtkräfte

Entfernungsmodul eines Sternes

$m - M = 5 \cdot \lg\left(\frac{r}{10\,\text{pc}}\right)$	m: scheinbare Helligkeit; M: absolute Helligkeit; r: Abstand zwischen Stern und Beobachter in pc

Empirische Perioden-Helligkeits-Beziehung bei Cepheiden

$M = -1{,}84 - 2{,}24 \cdot \lg\left(\frac{p}{1\,\text{d}}\right)$	M: mittlere absolute Helligkeit; p: Periodendauer des δ-Cephei-Sternes in d

Hubble-Beziehung

$v = H_0 \cdot r$	v: Radialgeschwindigkeit einer weit entfernten Galaxie; H_0: Hubble-Parameter; r: Entfernung

Nichtrelativistische Näherung des optischen Doppler-Effekts

$\frac{\Delta f}{f} \approx \pm \frac{v}{c}$ $\frac{\Delta \lambda}{\lambda} \approx \pm \frac{v}{c}$	f: Frequenz; v: Relativgeschwindigkeit von Sender und Empfänger; c: Lichtgeschwindigkeit; λ: Wellenlänge

4 Anhang

4.1 Größen, Einheiten und ihre Beziehungen untereinander

Größe	Formelzeichen	Name der Einheit	Einheitenzeichen	Beziehungen zwischen den Einheiten
Aktivität	A	Becquerel	Bq	$1\,\text{Bq} = \frac{1}{\text{s}}$
Äquivalentdosis	H	Sievert	Sv	$1\,\text{Sv} = 1\,\frac{\text{J}}{\text{kg}}$
Arbeit	W	Joule	J	$1\,\text{J} = 1\,\text{Nm} = 1\,\frac{\text{kg}\cdot\text{m}^2}{\text{s}^2}$
Beschleunigung	a		$\frac{\text{m}}{\text{s}^2}$	
Bestrahlungsstärke	E		$\frac{\text{W}}{\text{m}^2}$	
Dichte	ϱ		$\frac{\text{kg}}{\text{m}^3}$	$1\,\frac{\text{kg}}{\text{m}^3} = 0{,}001\,\frac{\text{g}}{\text{cm}^3}$
Drehmoment	M		Nm	$1\,\text{Nm} = 1\,\frac{\text{kg}\cdot\text{m}^2}{\text{s}^2}$
Drehimpuls	L		$\text{Nm}\cdot\text{s}$	$1\,\text{Nm}\cdot\text{s} = 1\,\frac{\text{kg}\cdot\text{m}^2}{\text{s}}$
Druck	p	Pascal Bar	Pa bar	$1\,\text{Pa} = 1\,\frac{\text{N}}{\text{m}^2} = 1\,\frac{\text{kg}}{\text{m}\cdot\text{s}^2}$ $1\,\text{bar} = 10^5\,\text{Pa}$
effektive Dosis	E	Sievert	Sv	$1\,\text{Sv} = 1\,\frac{\text{J}}{\text{kg}}$
elektrische Feldstärke	E		$\frac{\text{V}}{\text{m}}$	$1\,\frac{\text{V}}{\text{m}} = 1\,\frac{\text{N}}{\text{C}}$
elektrische Flussdichte	D		$\frac{\text{A}\cdot\text{s}}{\text{m}^2}$	
elektrische Ionenäquivalentleitfähigkeit	Λ_{eq}		$\frac{\text{S}\cdot\text{cm}^2}{\text{mol}}$	
elektrische Kapazität	C	Farad	F	$1\,\text{F} = 1\,\frac{\text{C}}{\text{V}} = 1\,\frac{\text{A}^2\cdot\text{s}^4}{\text{kg}\cdot\text{m}^2}$
elektrische Ladung	Q	Coulomb	C	$1\,\text{C} = 1\,\text{As}$
elektrische Leitfähigkeit	κ		$\frac{\text{S}}{\text{m}}$	$1\,\frac{\text{S}}{\text{m}} = \frac{1}{\Omega\cdot\text{m}}$
elektrischer Leitwert	G	Siemens	S	$1\,\text{S} = \frac{1}{\Omega} = 1\,\frac{\text{A}}{\text{V}}$
elektrische Spannung	U	Volt	V	$1\text{V} = 1\,\frac{\text{W}}{\text{A}} = 1\,\frac{\text{J}}{\text{C}} = 1\,\frac{\text{kg}\cdot\text{m}^2}{\text{s}^3\cdot\text{A}}$
elektrische Stromstärke	I	Ampere	A	
elektrischer Widerstand	R	Ohm	Ω	$1\,\Omega = 1\,\frac{\text{V}}{\text{A}} = 1\,\frac{\text{kg}\cdot\text{m}^2}{\text{s}^3\cdot\text{A}^2}$
elektrisches Potenzial	φ	Volt	V	$1\text{V} = 1\,\frac{\text{W}}{\text{A}} = 1\,\frac{\text{J}}{\text{C}} = 1\,\frac{\text{kg}\cdot\text{m}^2}{\text{s}^3\cdot\text{A}}$
elektrochemisches Potenzial	E	Volt	V	$1\text{V} = 1\,\frac{\text{W}}{\text{A}} = 1\,\frac{\text{J}}{\text{C}} = 1\,\frac{\text{kg}\cdot\text{m}^2}{\text{s}^3\cdot\text{A}}$
Energie	E	Joule Elektronenvolt Kilokalorie Kilowattstunde	J eV kcal kWh	$1\,\text{J} = 1\,\text{Nm} = 1\,\text{Ws} = 1\,\frac{\text{kg}\cdot\text{m}^2}{\text{s}^2}$ $1\,\text{eV} = 1{,}602176634\cdot10^{-19}\,\text{J}$ $1\,\text{kcal} = 4{,}184\,\text{kJ}$ $1\,\text{kWh} = 3600\,\text{kJ}$

Größe	Formelzeichen	Name der Einheit	Einheitenzeichen	Beziehungen zwischen den Einheiten
Energiedosis	D	Gray	Gy	$1\,\text{Gy} = 1\,\frac{\text{J}}{\text{kg}}$
Enthalpie	H	Joule	J	$1\,\text{J} = 1\,\text{Nm} = 1\,\frac{\text{kg}\cdot\text{m}^2}{\text{s}^2}$
freie Enthalpie	G	Joule	J	$1\,\text{J} = 1\,\text{Nm} = 1\,\frac{\text{kg}\cdot\text{m}^2}{\text{s}^2}$
Entropie	S		$\frac{\text{J}}{\text{K}}$	
Flächeninhalt	A		m^2	
Flächenladungsdichte	σ		$\frac{\text{As}}{\text{m}^2}$	
Frequenz	f	Hertz	Hz	$1\,\text{Hz} = \frac{1}{\text{s}}$
Geschwindigkeit	v		$\frac{\text{m}}{\text{s}}$	
Helligkeit	m, M	Magnitude	mag	
Impuls	p		$\frac{\text{kg}\cdot\text{m}}{\text{s}}$	
Induktivität	L	Henry	H	$1\,\text{H} = 1\,\frac{\text{V}\cdot\text{s}}{\text{A}} = 1\,\frac{\text{kg}\cdot\text{m}^2}{\text{s}^2\cdot\text{A}^2}$
Intensität	I		$\frac{\text{W}}{\text{m}^2}$	
innere Energie	U	Joule	J	$1\,\text{J} = 1\,\text{Nm} = 1\,\frac{\text{kg}\cdot\text{m}^2}{\text{s}^2}$
Kraft	F	Newton	N	$1\,\text{N} = 1\,\frac{\text{kg}\cdot\text{m}}{\text{s}^2}$
Kreisfrequenz	ω		$\frac{1}{\text{s}}$	
Länge	ℓ	Meter	m	
Leistung	P	Watt	W	$1\,\text{W} = 1\,\frac{\text{J}}{\text{s}} = 1\,\frac{\text{kg}\cdot\text{m}^2}{\text{s}^3}$
magnetische Feldstärke	H		$\frac{\text{A}}{\text{m}}$	
magnetischer Fluss	Φ	Weber	Wb	$1\,\text{Wb} = 1\,\text{V}\cdot\text{s}$
magnetische Flussdichte	B	Tesla	T	$1\,\text{T} = 1\,\frac{\text{N}}{\text{A}\cdot\text{m}} = 1\,\frac{\text{V}\cdot\text{s}}{\text{m}^2} = 1\,\frac{\text{kg}}{\text{s}^2\cdot\text{A}}$
Masse	m	Kilogramm atomare Masseneinheit	kg u	$1\,\text{u} = 1{,}66053906660\cdot 10^{-27}\,\text{kg}$
Schalldruckpegel	L_p	Dezibel	dB	
Schallintensitätspegel	L_I	Dezibel	dB	
spezifische Wärmekapazität	c		$\frac{\text{J}}{\text{kg}\cdot\text{K}}$	
Stoffmenge	n	Mol	mol	
Temperatur	T ϑ	Kelvin Grad Celsius	K °C	$0\,°\text{C} \mathrel{\hat{=}} 273{,}15\,\text{K}$
Trägheitsmoment	J		$\text{kg}\cdot\text{m}^2$	

Größe	Formelzeichen	Name der Einheit	Einheitenzeichen	Beziehungen zwischen den Einheiten
Viskosität	η		$\frac{\text{kg}}{\text{m} \cdot \text{s}}$	
Volumen	V	Kubikmeter Liter	m^3 ℓ, L	$1\ \text{m}^3 = 1000\ \text{L}$
Wärme	Q	Joule	J	$1\ \text{J} = 1\ \text{Nm} = 1\ \frac{\text{kg} \cdot \text{m}^2}{\text{s}^2}$
Wellenlänge	λ	Meter	m	
Winkelgeschwindigkeit	ω		$\frac{1}{\text{s}}$	
Zeit	t	Sekunde	s	

4.2 Astronomische Entfernungsangaben

- $1\ \text{Lj} = 9{,}4607 \cdot 10^{15}\ \text{m}$
- $1\ \text{AE} = 1{,}4960 \cdot 10^{11}\ \text{m}$
- $1\ \text{pc} = 3{,}0857 \cdot 10^{16}\ \text{m}$

4.3 Vorsätze bei Einheiten

Vorsatz	Zeichen	Faktor, mit dem die Einheit multipliziert wird	Vorsatz	Zeichen	Faktor, mit dem die Einheit multipliziert wird
Exa	E	10^{18}	Dezi	d	10^{-1}
Peta	P	10^{15}	Zenti	c	10^{-2}
Tera	T	10^{12}	Milli	m	10^{-3}
Giga	G	10^{9}	Mikro	µ	10^{-6}
Mega	M	10^{6}	Nano	n	10^{-9}
Kilo	k	10^{3}	Piko	p	10^{-12}
Hekto	h	10^{2}	Femto	f	10^{-15}
Deka	da	10^{1}	Atto	a	10^{-18}

4.4 Tabellierte Werte

Naturkonstanten und Näherungswerte wichtiger Größen

- Avogadro-Konstante: $N_A = 6{,}02214076 \cdot 10^{23} \frac{1}{\text{mol}}$ (definiert)
- Elementarladung: $e = 1{,}602176634 \cdot 10^{-19}\ \text{C}$ (definiert)
- elektrische Feldkonstante: $\varepsilon_0 = \frac{1}{\mu_0 \cdot c^2} = 8{,}8541878128 \cdot 10^{-12} \frac{\text{A} \cdot \text{s}}{\text{V} \cdot \text{m}}$
- Faraday-Konstante: $F = 96485{,}33212\ldots \frac{\text{C}}{\text{mol}}$ (definiert)

- Gravitationskonstante: $G = 6{,}67430 \cdot 10^{-11}\,\frac{\mathrm{m}^3}{\mathrm{kg}\cdot\mathrm{s}^2}$
- Hubble-Parameter: $H_0 = 68\,\frac{\mathrm{km}}{\mathrm{s}\cdot\mathrm{Mpc}}$
- ideale Gaskonstante: $R = 8{,}314462618\ldots\frac{\mathrm{J}}{\mathrm{mol}\cdot\mathrm{K}}$ (definiert)
- magnetische Feldkonstante: $\mu_0 = 1{,}256637 \cdot 10^{-6}\,\frac{\mathrm{V}\cdot\mathrm{s}}{\mathrm{A}\cdot\mathrm{m}}$
- Normgröße der Normalfallbeschleunigung, Ortsfaktor: $g = 9{,}80665\,\frac{\mathrm{m}}{\mathrm{s}^2}$ (definiert)
- Planck'sches Wirkungsquantum: $h = 6{,}62607015 \cdot 10^{-34}\,\mathrm{J}\cdot\mathrm{s}$ (definiert)
- Rydberg-Konstante: $R_\mathrm{H} = 1{,}096776 \cdot 10^7\,\frac{1}{\mathrm{m}}$ (Wasserstoffatom)
- Stefan-Boltzmann-Konstante: $\sigma = 5{,}670374419\ldots \cdot 10^{-8}\,\frac{\mathrm{W}}{\mathrm{m}^2\cdot\mathrm{K}^4}$ (definiert)
- Vakuumlichtgeschwindigkeit: $c = 2{,}99792458 \cdot 10^8\,\frac{\mathrm{m}}{\mathrm{s}}$ (definiert)
- Wien'sche Verschiebungskonstante: $b = 2{,}897771955\ldots \cdot 10^{-3}\,\mathrm{m}\cdot\mathrm{K}$ (definiert)

Elektron, Proton, Neutron, α-Teilchen

Elektron

- Masse: $m_\mathrm{e} = 9{,}1093837015 \cdot 10^{-31}\,\mathrm{kg}$
- Ladung: $q_\mathrm{e} = -1\,e$

Proton

- Masse: $m_\mathrm{p} = 1{,}67262192369 \cdot 10^{-27}\,\mathrm{kg}$
- Ladung: $q_\mathrm{p} = 1\,e$

Neutron

- Masse: $m_\mathrm{n} = 1{,}67492749804 \cdot 10^{-27}\,\mathrm{kg}$
- Ladung: $q_\mathrm{n} = 0\,\mathrm{C}$

α-Teilchen

- Masse: $m_\alpha = 6{,}6446573357 \cdot 10^{-27}\,\mathrm{kg}$
- Ladung: $q_\alpha = 2\,e$

Teilchen des Standardmodells

Tabelle der Quarks

Teilchen	Symbol	Ladung in *e*	Masse in $\frac{\mathrm{eV}}{c^2}$
Up	u	+2/3	$2{,}16 \cdot 10^6$
Down	d	−1/3	$4{,}67 \cdot 10^6$
Charm	c	+2/3	$1{,}27 \cdot 10^9$
Strange	s	−1/3	$93{,}4 \cdot 10^6$
Top	t	+2/3	$1{,}73 \cdot 10^{11}$
Bottom	b	−1/3	$4{,}18 \cdot 10^9$

Tabelle der Leptonen

Teilchen	Symbol	Ladung in e	Masse in $\frac{eV}{c^2}$
Elektron	e^-	–1	$511{,}00 \cdot 10^3$
Elektron–Neutrino	ν_e	0	< 1,1
Myon	μ^-	–1	$105{,}66 \cdot 10^6$
Myon–Neutrino	ν_μ	0	$< 0{,}19 \cdot 10^6$
Tauon	τ^-	–1	$1{,}7769 \cdot 10^9$
Tauon–Neutrino	ν_τ	0	$< 18{,}2 \cdot 10^6$

Festgelegte Bedingungen

molares Volumen idealer Gase bei $p = 101{,}325\,\text{kPa}$

- $V_m = 22{,}414\,\frac{L}{mol}$ bei $T = 273{,}15\,K$
- $V_m = 24{,}466\,\frac{L}{mol}$ bei $T = 298{,}15\,K$

Wasser

- Ionenprodukt: $K_W = 1{,}0 \cdot 10^{-14}\,\frac{mol^2}{L^2}$ bei $T = 298{,}15\,K$
- spezifische Wärmekapazität: $c_W = 4{,}183\,\frac{kJ}{kg \cdot K}$ bei $T = 298{,}15\,K$ und $p = 101{,}325\,kPa$

Dichte

Dichte fester Stoffe bei 25 °C

Stoff	ϱ in $\frac{g}{cm^3}$	Stoff	ϱ in $\frac{g}{cm^3}$
Aluminium	2,70	Holz (lufttrocken) Eiche Kiefer Ebenholz	 0,6 … 0,9 0,3 … 0,7 1,1 … 1,3
Beton	2,3	Kork	0,2 … 0,35
Blei	11,34	Kupfer	8,96
Diamant	3,51	Magnesium	1,74
Eis (bei 0 °C)	0,917	Marmor	2,6 … 2,8
Eisen	7,86	Papier	0,7 … 1,2
Glas (Fensterglas)	2,4 … 2,6	Porzellan	2,2 … 2,4
Glas (Quarzglas)	2,20	Sandstein	2,1 … 2,4
Gold	19,3	Silber	10,50
Granit	2,6 … 2,8	Stahl	7,8
Graphit	2,26	Zink	7,14
Hartgummi	1,2 … 1,8	Zinn	7,30

Dichte von Flüssigkeiten bei 25 °C

Stoff	ϱ in $\frac{g}{cm^3}$
Aceton (Propanon)	0,79
Benzin	0,68 … 0,72
Dieselkraftstoff	0,84 … 0,88
Erdöl	0,73 … 0,94
Ethanol	0,79
Glycerin	1,26
Petroleum	0,81
Quecksilber	13,53
Schwefelsäure (50 %)	1,397
schweres Wasser	1,10
Spiritus	0,83
Wasser destilliert Meerwasser	 1,00 1,02

Dichte von Gasen bei 0 °C und 101,3 kPa

Stoff	ϱ in $\frac{g}{cm^3}$
Ammoniak	0,00077
Chlor	0,00322
Erdgas (trocken)	0,0007
Helium	0,00018
Kohlenstoffdioxid	0,00198
Luft (trocken)	0,00129
Methan	0,00072
Ozon	0,00215
Propan	0,00201
Sauerstoff	0,00143
Stickstoff	0,00125
Wasserstoff	0,00009
Xenon	0,00585

Dielektrizitätszahl

bei 20 °C

Stoff	ε_r
Bernstein	2,8
Glas	5 … 16
Bariumtitanat ($BaTiO_3$)	100 … 1000
Calciumtitanat ($CaTiO_3$)	150 … 180
Luft	1,0006
Hartpapier	3,5 …5
Paraffin	2,3
Polystyrol	2,6
Porzellan	4,5 … 6,5
Transformatorenöl	2,5
Vakuum	1
Wasser	81

Permeabilitätszahl (relative Permeabilität)

bei 20 °C

diamagnetische Stoffe		paramagnetische Stoffe		ferromagnetische Stoffe	
Stoff	μ_r	**Stoff**	μ_r	**Stoff**	μ_r
Antimon	0,999884	Aluminium	1,00002	Cobalt	80 ... 200
Gold	0,999971	Chrom	1,00028	Dynamoblech	200 ... 3000
Quecksilber	0,999966	Eisen(III)-chlorid	1,003756	Eisen	250 ... 680
Wasser	0,999991	Luft	1,00000037	Nickel	280 ... 2500
Zink	0,999986	Platin	1,0002	Sonderlegierungen	bis 900000

Spezifischer elektrischer Widerstand

bei 20 °C
Metalle

Metall	ϱ in $\frac{\Omega \cdot mm^2}{m}$	Metall	ϱ in $\frac{\Omega \cdot mm^2}{m}$
Aluminium	0,028	Kupfer	0,0172
Blei	0,21	Quecksilber	0,96
Eisen	0,10	Silber	0,016
Gold	0,022	Wolfram	0,055
Konstantan	0,50	Zinn	0,11

Kohle und Widerstandslegierungen

Material	ϱ in $\frac{\Omega \cdot mm^2}{m}$	Material	ϱ in $\frac{\Omega \cdot mm^2}{m}$
Bogenlampenkohle	60 ... 80	Manganin	0,43
Bürstenkohle	40 ... 100	Nickelin	0,43
Chromnickel	1,1	Stahlguss	0,18
Leitungskupfer	0,0178		

Halbleiter und Isolatoren

Material	ϱ in $\frac{\Omega \cdot mm^2}{m}$	Material	ϱ in $\frac{\Omega \cdot mm^2}{m}$
Bernstein	bis 10^8	Porzellan	bis 10^{18}
Holz, trocken	$10^{11} \dots 10^{15}$	Quarzglas	$10^{13} \dots 10^{15}$
Kupferoxid	$10^3 \dots 10^8$	Silicium	$10^{-1} \dots 10^5$
Polyvinylchlorid PVC	$10^{14} \dots 10^{15}$	Transformatorenöl	$10^{12} \dots 10^{15}$
Polyethen PE	10^{12}	Wasser (destilliert)	10^{10}

Brechzahlen

Die Brechzahlen beziehen sich auf den Übergang der gelben Natriumlinien ($\lambda = 589{,}3\,\text{nm}$) aus dem Vakuum in den angegebenen Stoff.

Stoff	Brechzahl *n*
Diamant	2,417
Eis	1,31
Flintglas, leicht	1,608
Flintglas, schwer	1,754
Kronglas, leicht	1,515
Kronglas, schwer	1,615
Quarzglas	1,459

Stoff	Brechzahl *n*
Augenlinse	1,40...1,41
Glycerin	1,474
Hornhaut	1,376
Kammerwasser	1,336
Luft	1,0003
Wasser	1,333

Hall-Konstante

Stoff	R_H in $\frac{m^3}{C}$
Aluminium	$-3{,}5 \cdot 10^{-11}$
Bismut	$+5 \cdot 10^{-7}$
Cadmium	$+5{,}9 \cdot 10^{-11}$
Germanium n-dotiert	$+5{,}6 \cdot 10^{-3}$
Germanium p-dotiert	$+6{,}6 \cdot 10^{-3}$
Gold	$-7{,}2 \cdot 10^{-11}$

Stoff	R_H in $\frac{m^3}{C}$
Indiumantimonid	$+7 \cdot 10^{-4}$
Kupfer	$-5{,}2 \cdot 10^{-11}$
Palladium	$-8{,}6 \cdot 10^{-11}$
Platin	$-2{,}0 \cdot 10^{-11}$
Silber	$-8{,}9 \cdot 10^{-11}$
Zink	$+6{,}4 \cdot 10^{-11}$

Auslösearbeit

Metall	W_A in eV
Aluminium	4,20
Barium	2,52
Cadmium	4,08
Cäsium	1,95
Calcium	2,87
Gold	5,47

Stoff	W_A in eV
Eisen	4,67
Magnesium	3,66
Platin	5,64
Wolfram	4,55
Zink	3,95
Zinn	4,42

Längenausdehnungs- und Volumenausdehnungskoeffizienten

Längenausdehnungskoeffizienten

Stoff	α in $\frac{10^{-6}}{K}$
Aluminium	23,1
Beton	12
weißes Floatglas	8,7
Kupfer	16,5

Metall	α in $\frac{10^{-6}}{K}$
Polyethen PE	200
Polyvinylchorid PVC	80
Stahl	11,7

Volumenausdehnungskoeffzienten

Stoff	γ in $\frac{10^{-3}}{K}$ bei 20 °C
Benzin	1,00
Ethanol	1,10

Stoff	γ in $\frac{10^{-3}}{K}$ bei 20 °C
Wasser	0,18

Spezifische Wärmekapazitäten

feste Stoffe

Stoff	spezifische Wärmekapazität c in $\frac{kJ}{kg \cdot K}$
Aluminium	0,90
Beton	0,92
Diamant	0,50
Fensterglas	0,17
Gold	0,13
Graphit	0,71
Holz (Eiche)	2,39
Kupfer	0,38
Magnesium	1,02

Stoff	spezifische Wärmekapazität c in $\frac{kJ}{kg \cdot K}$
Mauerwerk	≈ 0,86
Platin	0,13
Porzellan	≈ 0,84
Quarzglas	0,73
Silber	0,24
Stahl	≈ 0,47
Wolfram	0,13
Zink	0,39
Zinn	0,23

Flüssigkeiten

Stoff	spezifische Wärmekapazität c in $\frac{kJ}{kg \cdot K}$
Benzol	1,70
Ethanol	2,42
Glycerin	2,39

Stoff	spezifische Wärmekapazität c in $\frac{kJ}{kg \cdot K}$
Petroleum	2,00
Quecksilber	0,14
Wasser	4,183

Gase

Stoff	spezifische Wärmekapazität c_V bei konstantem Volumen in $\frac{kJ}{kg \cdot K}$	spezifische Wärmekapazität c_P bei konstantem Druck in $\frac{kJ}{kg \cdot K}$
Ammoniak	1,56	2,05
Helium	3,22	5,24
Kohlenstoffdioxid	0,65	0,85
Luft	0,72	1,01
Propan	1,36	1,55
Sauerstoff	0,65	0,92
Stickstoff	0,75	1,04
Wasserdampf	1,40	1,86
Wasserstoff	10,13	14,28

Schmelztemperatur und spezifische Schmelzwärme

Stoff	Schmelztemperatur ϑ_S (bei 101,325 kPa) in °C	spezifische Schmelzwärme q_s in $\frac{kJ}{kg}$
Aluminium	660,3	397
Blei	327,5	26
Eis	0	334
Ethanol	−114,1	108
Gold	1064,2	65
Helium	−270 (bei 2,6 MPa)	
Kupfer	1084,6	205
Magnesium	650	382
Methanol	−97,53	69
Platin	1768,4	113
Quecksilber	−38,83	11,3
Sauerstoff	−218,79	
Silber	961,78	104
Silicium	1414	142
Stahl	723 – 1536	
Stickstoff	−210,0	
Wasser	0	334
Wasserstoff	−259,34	59
Wolfram	3422	192
Zink	419,53	111
Zinn	231,93	59

Siedetemperatur und spezifische Verdampfungswärme		
Stoff	**Siedetemperatur ϑ_V (bei 101,325 kPa) in °C**	**spezifische Verdampfungswärme q_V in $\frac{kJ}{kg}$**
Ammoniak	−33,33	1370
Aceton	56,05	520
Ethanol	78,29	842
Glycerin	290	853
Helium	−268,93	25
Kohlenstoffdioxid	−79 (Subl.)	574
Methanol	64,6	1102
Sauerstoff	−182,95	213
Stickstoff	−195,79	198
Wasser	100	2260
Wasserstoff	−252,87	455

Schallgeschwindigkeiten

Feste Stoffe	v in $\frac{m}{s}$
Aluminium	5100
Beton	3800
Blei	1300
Holz (Eiche)	4100
Eis bei −4 °C	3230
Glas	4000 … 5000
Granit	3950
Kork	500
Kupfer	3900
Marmor	3800
Messing	3400
PVC, weich	80
PVC, hart	1700
Stahl	5100
Ziegel	3600

Flüssigkeiten und Gase	v in $\frac{m}{s}$
Helium	1020
Kohlenstoffdioxid	260
Luft bei 0 °C	332
Luft bei 10 °C	338
Luft bei 20 °C	343
Stickstoff	348
Wasser bei 4 °C	1400
Wasser bei 20 °C	1483
Wasserstoff	1280

Daten zum Sonnensystem

Daten der Sonne

Masse	$1{,}9894 \cdot 10^{30}$ kg
Mittlerer Radius	$6{,}9570 \cdot 10^{5}$ km
Mittlere Dichte	$1{,}4\ \frac{g}{cm^3}$
Rotationsdauer am Äquator	25 d
Oberflächentemperatur	$5{,}8 \cdot 10^{3}$ K
Leuchtkraft	$3{,}846 \cdot 10^{26}$ W
Solarkonstante	$1{,}361\ \frac{kW}{m^2}$
Absolute Helligkeit	4,83
Scheinbare Helligkeit	−26,74
Fallbeschleunigung (Ortsfaktor) an der Oberfläche	$274\ \frac{m}{s^2}$

Daten der Erde

Große Halbachse	$1{,}4960 \cdot 10^{8}$ km = 1 AE
Umlaufzeit	365,2563 d = 31558149,54 s
Numerische Exzentrizität der Bahn	0,017
Masse	$5{,}974 \cdot 10^{24}$ kg
Mittlerer Radius	$6{,}371 \cdot 10^{3}$ km
Mittlere Dichte	$5{,}5\ \frac{g}{cm^3}$
Fallbeschleunigung (Ortsfaktor) an der Oberfläche (Mitteleuropa)	$9{,}81\ \frac{m}{s^2}$
Neigung der Rotationsachse gegen das Lot der Bahnebene	23,44°
Siderische Rotationsdauer	23,9345 h

Daten des Erdmondes

Große Halbachse	$3{,}844 \cdot 10^{5}$ km
Siderische Umlaufzeit	27,32 d
Synodische Umlaufzeit	29,53 d
Numerische Exzentrizität der Bahn	0,055
Masse	$7{,}349 \cdot 10^{22}$ kg
Mittlerer Radius	1737 km
Mittlere Dichte	$3{,}3\ \frac{g}{cm^3}$
Fallbeschleunigung (Ortsfaktor) an der Oberfläche	$1{,}62\ \frac{m}{s^2}$
Neigung der Rotationsachse gegen das Lot der Bahnebene	6,68°
Neigung der Bahnebene zur Ekliptik	5,1°
Siderische Rotationsdauer	27,32 d

Daten der Planeten

	Merkur	Venus	Erde	Mars	Jupiter	Saturn	Uranus	Neptun
Große Halbachse in AE	0,387	0,723	1	1,52	5,20	9,58	19,2	30,1
Siderische Umlaufzeit in a	0,2408	0,6152	1	1,881	11,86	29,46	84,01	164,8
Numerische Exzentrizität der Bahn	0,21	0,0067	0,017	0,094	0,049	0,057	0,046	0,011
Masse in Erdmassen	0,0553	0,815	1	0,107	318	95,2	14,5	17,1
Mittlerer Radius in 10^3 km	2,44	6,05	6,371	3,39	69,9	58,2	25,4	24,6
Mittlere Dichte in $\frac{g}{cm^3}$	5,4	5,2	5,5	3,9	1,3	0,69	1,3	1,6
Fallbeschleunigung an der Oberfläche in $\frac{m}{s^2}$	3,7	8,9	9,8	3,7	24,8	10,4	8,9	11,2
Neigung der Rotationsachse gegen das Lot der Bahnebene	0,010°	177,4°	23,44°	25,2°	3,1°	26,7°	97,8°	28,3°
Neigung der Bahnebene zur Ekliptik	7,0°	3,4°	0	1,9°	1,3°	2,5°	0,77°	1,8°
Siderische Rotationsdauer (ggf. am Äquator) in h	1407,6	5832,5	23,934	24,62	9,93	10,66	17,24	16,11

Gewebe-Wichtungsfaktoren w_T

Organ	w_T
Rotes Knochenmark, Dickdarm, Lunge, Magen, Brust, übrige Organe und Gewebe	je 0,12
Keimdrüsen	0,08
Blase, Speiseröhre, Leber, Schilddrüse	je 0,04
Haut, Knochenoberfläche, Gehirn, Speicheldrüse	je 0,01

Typische Werte für Qualitätsfaktoren q

Strahlungsart	q
α	20
n	5–20
β, γ	1

Wellenlängen ausgewählter Spektrallinien

Element	λ in nm	relative Intensität
Helium	447,15 492,19 587,56 667,82 706,52	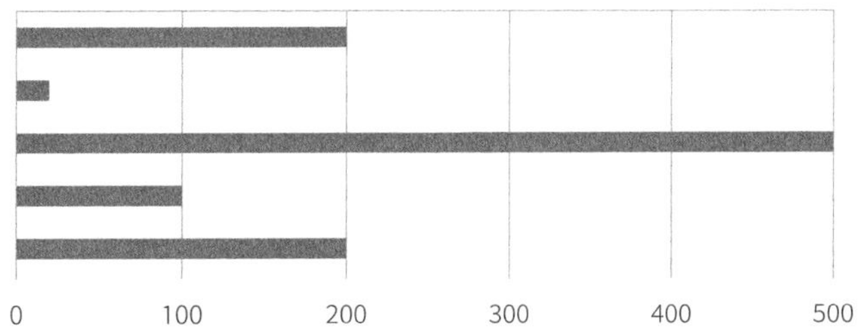
Natrium	589,00 589,59	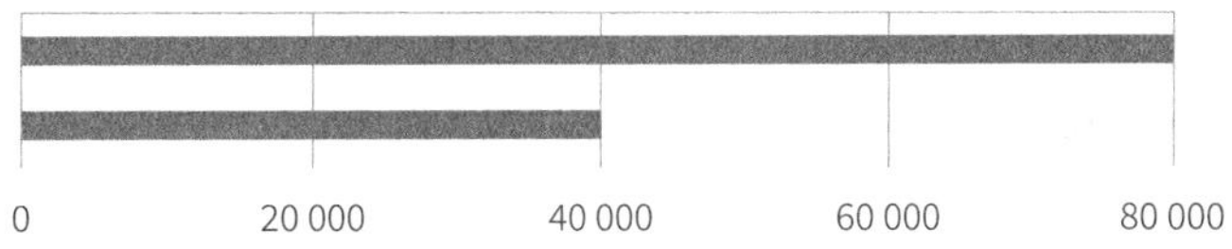
Quecksilber	404,66 435,83 546,07 576,96 579,07	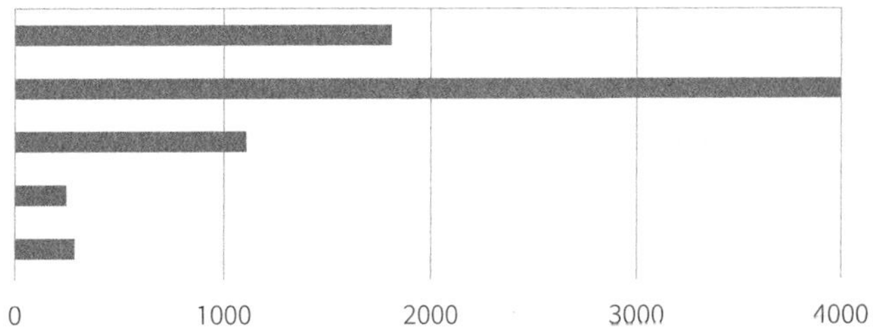
Wasserstoff (Balmer-Serie)	410,17 (H_δ) 434,05 (H_γ) 486,13 (H_β) 656,27 (H_α)	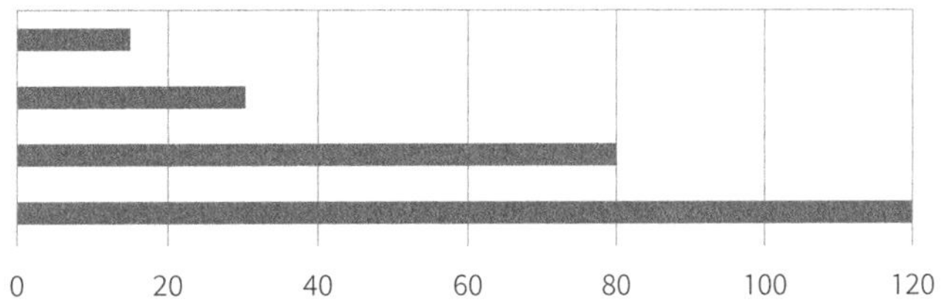

Säureexponent pK_S und Basenexponent pK_B

pK_S	Säure	konjugierte Base	pK_B
−11	HI	I^-	25
−10	$HClO_4$	ClO_4^-	24
−9	HBr	Br^-	23
−7	HCl	Cl^-	21
−3	H_2SO_4	HSO_4^-	17
−1,37	HNO_3	NO_3^-	15,37
0	H_3O^+	H_2O	14,00
1,25	HOOC–COOH	$HOOC–COO^-$	12,75
1,85	H_2SO_3	HSO_3^-	12,15
1,99	HSO_4^-	SO_4^{2-}	12,01

pK_S	Säure	konjugierte Base	pK_B
2,16	H_3PO_4	$H_2PO_4^-$	11,84
2,22	$[Fe(H_2O)_6]^{3+}$	$[Fe(H_2O)_5(OH)]^{2+}$	11,78
3,20	HF	F^-	10,80
3,25	HNO_2	NO_2^-	10,75
3,75	HCOOH	$HCOO^-$	10,25
3,81	$HOOC{-}COO^-$	$^-OOC{-}COO^-$	10,19
4,75	CH_3COOH	CH_3COO^-	9,25
4,97	$[Al(H_2O)_6]^{3+}$	$[Al(H_2O)_5(OH)]^{2+}$	9,03
6,35	H_2CO_3	HCO_3^-	7,65
7,05	H_2S	HS^-	6,95
7,20	HSO_3^-	SO_3^{2-}	6,80
7,21	$H_2PO_4^-$	HPO_4^{2-}	6,79
8,96	$[Zn(H_2O)_6]^{2+}$	$[Zn(H_2O)_5(OH)]^+$	5,04
9,21	HCN	CN^-	4,79
9,25	NH_4^+	NH_3	4,75
10,33	HCO_3^-	CO_3^{2-}	3,67
12,32	HPO_4^{2-}	PO_4^{3-}	1,68
14,00	H_2O	OH^-	0
19	HS^-	S^{2-}	−5
23	NH_3	NH_2^-	−9
24	OH^-	O^{2-}	−10

Säure-Base-Indikatoren

Indikator	pH-Bereich des Farbumschlags	Farbänderung
Thymolblau	1,2–2,8	rot–gelb
Methylorange	3,0–4,4	rot–gelborange
Bromkresolgrün	3,8–5,4	gelb–blau
Methylrot	4,2–6,2	rot–gelb
Lackmus	5,0–8,0	rot–blau
Bromthymolblau	6,0–7,6	gelb–blau
Thymolblau	8,0–9,6	gelb–blau
Phenolphthalein	8,2–10,0	farblos–purpur
Thymolphthalein	9,3–10,5	farblos–blau
Alizarin R	10,0–12,1	hellgelb–rotbraun

Standardpotenziale			
bei $T = 298{,}15\,K$, $p = 101{,}325\,kPa$ und $c = 1\,\frac{mol}{L}$			
reduzierte Form	⇌	**oxidierte Form + $z \cdot e^-$**	**Standardpotenzial $E°$ in V**
Li	⇌	$Li^+ + e^-$	−3,04
Na	⇌	$Na^+ + e^-$	−2,71
Mg	⇌	$Mg^{2+} + 2e^-$	−2,37
Al	⇌	$Al^{3+} + 3e^-$	−1,66
Mn	⇌	$Mn^{2+} + 2e^-$	−1,19
$H_2 + 2OH^-$	⇌	$2H_2O + 2e^-$	−0,83 (pH = 14)
Zn	⇌	$Zn^{2+} + 2e^-$	−0,76
Cr	⇌	$Cr^{3+} + 3e^-$	−0,74
S^{2-}	⇌	$S + 2e^-$	−0,48
Fe	⇌	$Fe^{2+} + 2e^-$	−0,45
Ni	⇌	$Ni^{2+} + 2e^-$	−0,26
Sn	⇌	$Sn^{2+} + 2e^-$	−0,14
Pb	⇌	$Pb^{2+} + 2e^-$	−0,13
$H_2 + 2H_2O$	⇌	$2H_3O^+ + 2e^-$	0,00 (pH = 0)
Cu^+	⇌	$Cu^{2+} + e^-$	+0,15
Cu	⇌	$Cu^{2+} + 2e^-$	+0,34
$4OH^-$	⇌	$O_2 + 2H_2O + 4e^-$	+0,40 (pH = 14)
Cu	⇌	$Cu^+ + e^-$	+0,52
$2I^-$	⇌	$I_2 + 2e^-$	+0,54
Fe^{2+}	⇌	$Fe^{3+} + e^-$	+0,77
Ag	⇌	$Ag^+ + e^-$	+0,80
$2Br^-$	⇌	$Br_2 + 2e^-$	+1,07
Pt	⇌	$Pt^{2+} + 2e^-$	+1,18
$6H_2O$	⇌	$O_2 + 4H_3O^+ + 4e^-$	+1,23 (pH = 0)
$2Cl^-$	⇌	$Cl_2 + 2e^-$	+1,36
Au	⇌	$Au^{3+} + 3e^-$	+1,50
$2F^-$	⇌	$F_2 + 2e^-$	+2,87

Spektrum der elektromagnetischen Strahlung

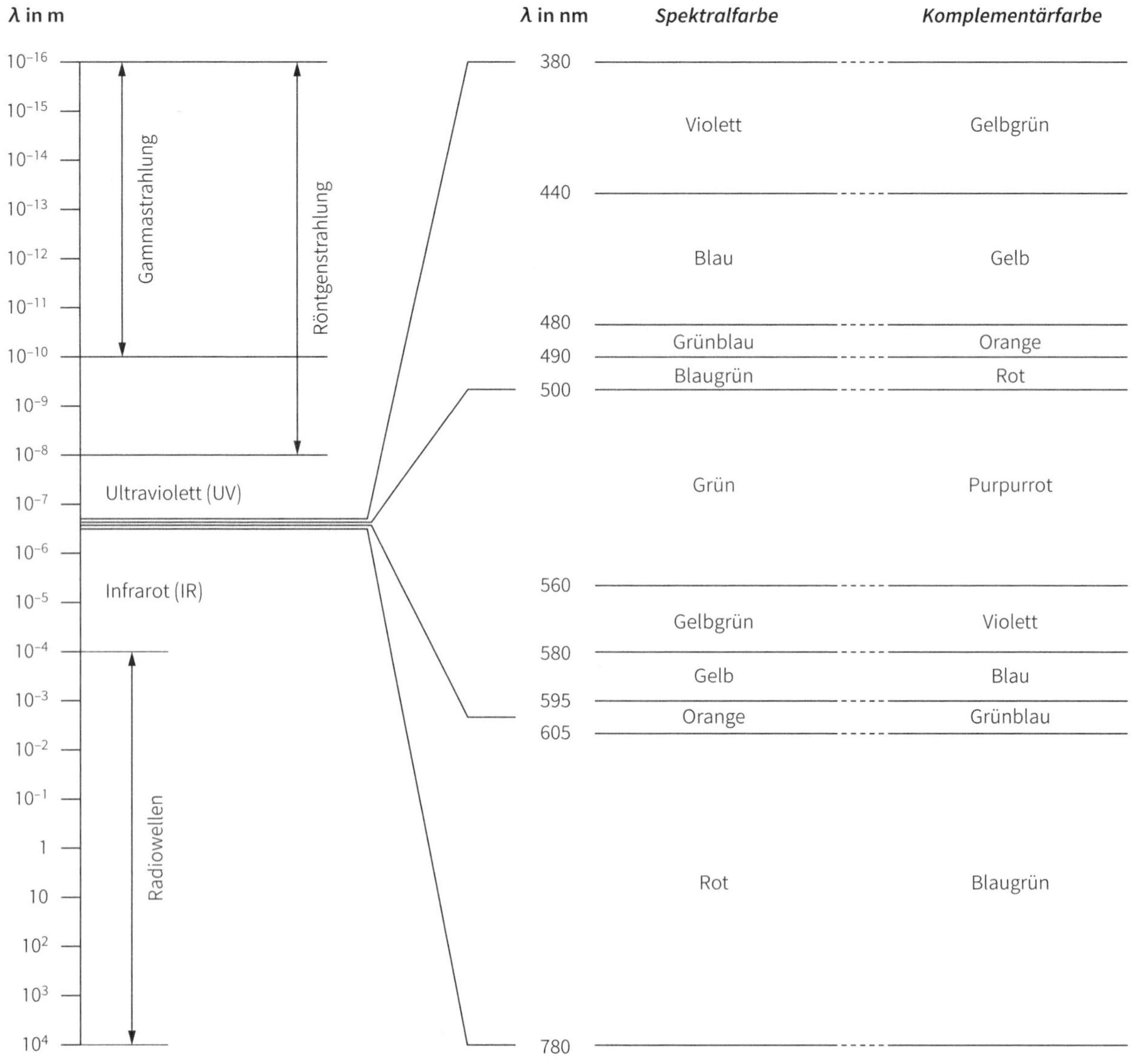

Kernmassen ausgewählter Nuklide

Z	Nuklid		m_K in u	Z	Nuklid		m_K in u	Z	Nuklid		m_K in u
1	H	1	1,007276	4	Be	9	9,009989	7	N	14	13,999234
		2	2,013553			10	10,011340			15	14,996269
		3	3,015501	5	B	10	10,010194			16	16,002262
2	He	3	3,014932			11	11,006562	8	O	15	14,998677
		4	4,001506	6	C	12	11,996708			16	15,990526
3	Li	6	6,013477			13	13,000063			17	16,994743
		7	7,014358			14	13,999950			18	17,994771

Atommassen ausgewählter Nuklide

Z	Nuklid		m_a in u	Z	Nuklid		m_a in u	Z	Nuklid		m_a in u
1	H	1	1,007825	14	Si	28	27,976927			48	47,947941
		2	2,014102			29	28,976495			49	48,947870
		3	3,016049			30	29,973770			50	49,944786
2	He	3	3,016029	15	P	30	29,978315	23	V	51	50,943958
		4	4,002603			31	30,973762	24	Cr	51	50,944765
3	Li	6	6,015123			32	31,973908			52	51,940505
		7	7,016005	16	S	32	31,972071			53	52,940646
4	Be	9	9,012182			33	32,971459			54	53,938877
		10	10,013534			34	33,967867	25	Mn	55	54,938043
5	B	10	10,012937			35	34,969032	26	Fe	54	53,939608
		11	11,009305			36	35,967081			55	54,938291
6	C	12	12,000000	17	Cl	35	34,968853			56	55,934936
		13	13,003355			37	36,965903			57	56,935392
		14	14,003242			38	37,968010			58	57,933274
7	N	14	14,003074	18	Ar	36	35,967545			59	58,934873
		15	15,000109			38	37,962732			60	59,934070
		16	16,006102			39	38,964314	27	Co	55	54,941996
8	O	15	15,003066			40	39,962383			56	55,939838
		16	15,994915			41	40,964501			57	56,936290
		17	16,999132			42	41,963046			58	57,935751
		18	17,999161	19	K	39	38,963707			59	58,933194
9	F	19	18,998403			40	39,963998			60	59,933816
10	Ne	20	19,992440			41	40,961825	28	Ni	58	57,935342
		21	20,993847			42	41,962402			60	59,930785
		22	21,991385	20	Ca	40	39,962591			61	60,931055
11	Na	22	21,994438			42	41,958618			62	61,928345
		23	22,989769			43	42,958766			64	63,927966
		24	23,990963			44	43,955481	29	Cu	63	62,929597
		25	24,989954			45	44,956186			65	64,927789
12	Mg	24	23,985042			46	45,953688			66	65,928869
		25	24,985837	21	Sc	45	44,955907	30	Zn	64	63,929142
		26	25,982593	22	Ti	46	45,952626			65	64,929241
13	Al	27	26,981539			47	46,951757			66	65,926034

Z	Nuklid		m_a in u
		67	66,927127
		68	67,924844
31	Ga	69	68,925574
		71	70,924703
32	Ge	70	69,924249
		72	71,922076
		73	72,923459
		74	73,921178
		76	75,921403
33	As	75	74,921595
34	Se	74	73,922476
		76	75,919214
		77	76,919914
		78	77,917309
		80	79,916522
35	Br	79	78,918338
		81	80,916288
		82	81,916802
36	Kr	78	77,920366
		80	79,916378
		82	81,913481
		83	82,914127
		84	83,911498
		85	84,912527
		86	85,910611
		89	88,917835
		92	91,926173
37	Rb	85	84,911790
		94	93,926395
38	Sr	84	83,913419
		86	85,909261
		87	86,908877
		88	87,905612
		90	89,907728

Z	Nuklid		m_a in u
		92	91,911038
		94	93,915356
		96	95,921719
		98	97,928693
39	Y	89	88,905838
		90	89,907142
		95	94,912820
		96	95,915909
40	Zr	90	89,904699
		91	90,905640
		92	91,905035
		94	93,906313
		95	94,908040
41	Nb	93	92,906373
		95	94,906831
42	Mo	92	91,906807
		94	93,905084
		95	94,905837
		96	95,904675
		97	96,906017
		98	97,905404
		100	99,907468
43	Tc	97	96,906361
		99	98,906250
44	Ru	96	95,907589
		98	97,905287
		99	98,905930
		100	99,904210
		101	100,905573
		102	101,904340
		104	103,905425
45	Rh	103	102,905494
46	Pd	102	101,905632
		104	103,904030

Z	Nuklid		m_a in u
		105	104,905079
		106	105,903480
		108	107,903892
		110	109,905173
47	Ag	107	106,905092
		109	108,904756
48	Cd	106	105,906460
		110	109,903007
		111	110,904184
		114	113,903365
		116	115,904763
49	In	113	112,904060
50	Sn	114	113,902780
		115	114,903345
		116	115,901743
		118	117,901607
		120	119,902203
		122	121,903445
		124	123,905280
51	Sb	121	120,903811
		123	122,904215
52	Te	120	119,904066
		122	121,903045
		124	123,902818
		125	124,904431
		126	125,903312
		130	129,906223
53	I	123	122,905590
		127	126,904473
		131	130,906126
54	Xe	124	123,905885
		126	125,904297
		128	127,903531
		129	128,904781

Z	Nuklid		m_a in u
		130	129,903509
		131	130,905084
		132	131,904155
		134	133,905393
		138	137,914146
55	Cs	133	132,905452
		134	133,906719
		135	134,905977
		136	135,907311
		137	136,907089
		138	137,911017
		140	139,917284
56	Ba	130	129,906326
		132	131,905061
		134	133,904508
		135	134,905688
		136	135,904576
		137	136,905827
		138	137,905247
		144	143,922955
57	La	139	138,906363
58	Ce	136	135,907129
		138	137,905994
		140	139,905448
59	Pr	141	140,907660
60	Nd	142	141,907729
		143	142,909820
		145	144,912579
		146	145,913122
		148	147,916899
61	Pm	145	144,912755
62	Sm	144	143,911999
		150	149,917282
		152	151,919739
		154	153,922216
63	Eu	151	150,919857
		153	152,921237
64	Gd	154	153,920873
		155	154,922629
		156	155,922130
		157	156,923967
		158	157,924111
		160	159,927061
65	Tb	159	158,925354
66	Dy	156	155,924284
		158	157,924415
		160	159,925204
		161	160,926939
		162	161,926805
		163	162,928737
		164	163,929181
67	Ho	165	164,930329
68	Er	162	161,928787
		164	163,929208
		166	165,930301
		167	166,932056
		168	167,932378
		170	169,935472
69	Tm	169	168,934219
70	Yb	168	167,933891
		170	169,934767
		171	170,936332
		172	171,936387
		173	172,938216
		174	173,938868
		176	175,942575
71	Lu	175	174,940777
72	Hf	176	175,941410
		177	176,943230
		178	177,943708
		179	178,945826
		180	179,946560
73	Ta	181	180,947999
74	W	180	179,946713
		182	181,948206
		183	182,950224
		185	184,953421
		186	185,954365
75	Re	185	184,952958
		187	186,955752
76	Os	187	186,955750
		188	187,955837
		189	188,958146
		190	189,958445
		192	191,961479
77	Ir	191	190,960592
		193	192,962924
78	Pt	192	191,961043
		194	193,962683
		195	194,964794
		196	195,964955
		198	197,967897
79	Au	197	196,966570
		198	197,968244
80	Hg	196	195,965833
		198	197,966769
		199	198,968281
		200	199,968327
		201	200,970303
		202	201,970644
		204	203,973494
81	Tl	203	202,972344

Z	Nuklid		m_a in u
		204	203,973863
		205	204,974427
		207	206,977419
		208	207,982018
82	Pb	204	203,973044
		205	204,974482
		206	205,974465
		207	206,975897
		208	207,976652
		209	208,981090
		210	209,984188
		211	210,988735
		212	211,991896
		214	213,999804
83	Bi	209	208,980399
		210	209,984120
		211	210,987269
		212	211,991285
		213	212,994384
		214	213,998711
84	Po	210	209,982874
		211	210,986653
		212	211,988868
		213	212,992857
		214	213,995201
		215	214,999418
		216	216,001913
		218	218,008971
85	At	217	217,004718
86	Rn	219	219,009479
		220	220,011392
		222	222,017576
87	Fr	221	221,014254
88	Ra	223	223,018501
		224	224,020210
		225	225,023611
		226	226,025408
		228	228,031069
89	Ac	225	225,023229
		227	227,027751
		228	228,031020
90	Th	227	227,027703
		228	228,028740
		229	229,031761
		230	230,033132
		231	231,036303
		232	232,038054
		233	233,041580
		234	234,043600
91	Pa	231	231,035883
		233	233,040247
		234	234,043306
92	U	233	233,039634
		234	234,040950
		235	235,043928
		236	236,045566
		237	237,048728
		238	238,050787
		239	239,054292
		240	240,056592
93	Np	237	237,048172
94	Pu	238	238,049558
		239	239,052162
		240	240,053812
		241	241,056850
		242	242,058741
		244	244,064204
95	Am	241	241,056827
		242	242,059547

Auszug aus der Nuklidkarte

	0	1	2	3	4	5	6	7	8	9	10	11	12
8						**O 13** 8,58 ms β^+: 16,7	**O 14** 70,59 s β^+: 1,8 γ: 2,313	**O 15** 2,03 min β^+: 1,7	**O 16** stabil	**O 17** stabil	**O 18** stabil	**O 19** 27,1 s β^-: 3,3 γ: 0,197	**O 20** 13,5 s β^-: 2,8 γ: 1,057
7						**N 12** 11,0 ms β^+:16,4 γ:4,439	**N 13** 9,96 min β^+:1,2	**N 14** stabil	**N 15** stabil	**N 16** 7,13 s β^-: 4,3 γ: 6,129	**N 17** 4,17 s β^-: 3,2 γ: 0,871	**N 18** 0,63 s β^-: 9,4 γ: 1,982	**N 19** 329 ms β^- γ: 0,096
6				**C 9** 126,5 ms β^+: 15,5	**C 10** 19,3 s β^+: 1,9 γ: 0,718	**C 11** 20,38 min β^+:1,0	**C 12** stabil	**C 13** stabil	**C 14** 5730 a β^-: 0,2	**C 15** 2,45 s β^-: 4,5 γ: 5,298	**C 16** 0,747 s β^-: 4,7	**C 17** 193 ms β^- γ: 1,375	**C 18** 92 ms β^- γ: 2,614
5				**B 8** 770 ms β^+: 14,1		**B 10** stabil	**B 11** stabil	**B 12** 20,20 ms β^-: 13,4 γ: 4,439	**B 13** 17,33 ms β^-: 13,4 γ: 3,684	**B 14** 13,8 ms β^-: 14,0 γ: 6,090	**B 15** 10,4 ms β^-		**B 17** 5,1 ms β^-
4				**Be 7** 53,29 d γ: 0,478		**Be 9** stabil	**Be 10** 1,6E6 a β^-: 0,6	**Be 11** 13,8 s β^-: 11,5 γ: 2,125	**Be 12** 23,6 ms β^-: 11,7		**Be 14** 4,35 ms β^-		
3				**Li 6** stabil	**Li 7** stabil	**Li 8** 840,3 ms β^-: 12,5	**Li 9** 178,3 ms β^-: 13,6		**Li 11** 8,5 ms β^-: 18,5 γ: 3,368				
2		**He 3** stabil	**He 4** stabil		**He 6** 806,7 ms β^-: 3,5		**He 8** 119 ms β^-: 9,7 γ: 0,981						
1	**H 1** stabil	**H 2** stabil	**H 3** 12,323 a β^-: 0,02										
0		**n 1** 10,25 min β^-: 0,8											

α-Zerfall	β^+-Zerfall	β^--Zerfall	
Fr 220	**At 210**	**Pb 212**	
27,4 s	8,3 h	10,64 h	← Halbwertszeit
α: 6,68 γ: 0,045	α: 5,524 γ: 1,181	β^-: 0,3 γ: 0,239	← Energie in MeV

Die farbigen Flächen zeigen die vorherrschenden Zerfallsarten an

Auszug aus der Nuklidkarte

95														
94														
93														
92														
91						**Pa 216** 105 ms α: 7,948 γ: 0,134	**Pa 217** 3,8 ms α: 8,337 γ: 0,466	**Pa 218** 113 μs α: 9,616 γ: 0,92	**Pa 219** 53 ns α: 9,90	**Pa 220** 0,78 μs α: 9,65	**Pa 221** 5,9 μs α: 9,08	**Pa 222** 4,3 ms α: 8,21	**Pa 223** 6,5 ms α: 8,01	**Pa 224** 0,95 s α: 7,555
90				**Th 213** 0,14 s α: 7,69	**Th 214** 0,10 s α: 7,68	**Th 215** 1,2 s α: 7,392 γ: 0,134	**Th 216** 26,0 ms α: 7,923 γ: 0,629	**Th 217** 252 μs α: 9,261 γ: 0,822	**Th 218** 0,1 μs α: 9,67	**Th 219** 1,05 μs α: 9,34	**Th 220** 9,7 μs α: 8,79	**Th 221** 1,68 ms α: 8,15	**Th 222** 2,24 ms α: 7,980 γ: 0,390	**Th 223** 0,66 s α: 7,324 γ: 0,140
89	**Ac 209** 90 ms α: 7,59	**Ac 210** 0,35 s α: 7,46	**Ac 211** 0,25 s α: 7,481	**Ac 212** 0,93 s α: 7,38	**Ac 213** 0,80 s α: 7,36	**Ac 214** 8,2 s α: 7,215 γ: 0,139	**Ac 215** 0,17 s α: 7,600	**Ac 216** 0,44 ms α: 9,029 γ: 0,083	**Ac 217** 69 ns α: 9,65	**Ac 218** 1,1 μs α: 9,205	**Ac 219** 11,8 μs α: 8,664	**Ac 220** 26 ms α: 7,85 γ: 0,134	**Ac 221** 52 ms α: 7,65	**Ac 222** 5,0 s α: 7,009
88	**Ra 208** 1,3 s α: 7,133	**Ra 209** 4,6 s α: 7,143	**Ra 210** 3,7 s α: 7,151	**Ra 211** 13 s α: 6,907	**Ra 212** 13,0 s α: 6,899	**Ra 213** 2,74 min α: 6,624 γ: 0,110	**Ra 214** 2,46 s α: 7,137	**Ra 215** 1,67 ms α: 8,700 γ: 0,834	**Ra 216** 0,18 μs α: 9,349	**Ra 217** 1,6 μs α: 8,99	**Ra 218** 25,6 μs α: 8,39	**Ra 219** 10 ms α: 7,679 γ: 0,316	**Ra 220** 23 ms α: 7,46 γ: 0,465	**Ra 221** 28 s α: 6,613 γ: 0,149
87	**Fr 207** 14,8 s α: 6,767	**Fr 208** 58,6 s α: 6,636 γ: 0,636	**Fr 209** 50,0 s α: 6,648	**Fr 210** 3,18 min α: 6,543 γ: 0,644	**Fr 211** 3,10 min α: 6,535 γ: 0,540	**Fr 212** 20,0 min α: 6,262 γ: 1,274	**Fr 213** 34,6 s α: 6,775	**Fr 214** 5,0 μs α: 8,426	**Fr 215** 0,09 μs α: 9,36	**Fr 216** 0,70 μs α: 9,01	**Fr 217** 16 μs α: 8,315	**Fr 218** 1,0 ms α: 7,867	**Fr 219** 21 ms α: 7,312	**Fr 220** 27,4 s α: 6,68 γ: 0,045
86	**Rn 206** 5,67 min α: 6,260 γ: 0,498	**Rn 207** 9,3 min α: 6,133 γ: 0,345	**Rn 208** 24,4 min α: 6,138 γ: 0,427	**Rn 209** 28,5 min α: 6,039 γ: 0,408	**Rn 210** 2,4 h α: 6,040 γ: 0,458	**Rn 211** 14,6 h α: 5,783 γ: 0,674	**Rn 212** 24 min α: 6,264	**Rn 213** 19,5 ms α: 8,088 γ: 540	**Rn 214** 0,27 μs α: 9,037	**Rn 215** 2,3 μs α: 8,67	**Rn 216** 45 μs α: 8,05	**Rn 217** 0,54 ms α: 7,740	**Rn 218** 35 ms α: 7,133	**Rn 219** 3,96 s α: 6,819 γ: 0,271
85	**At 205** 26,2 min α: 5,902 γ: 0,719	**At 206** 29,4 min α: 5,703 γ: 0,701	**At 207** 1,8 h α: 5,759 γ: 0,815	**At 208** 1,63 h α: 5,640 γ: 0,686	**At 209** 5,4 h α: 5,647 γ: 0,545	**At 210** 8,3 h α: 5,524 γ: 1,181	**At 211** 7,22 h α: 5,867	**At 212** 314 ms α: 7,68 γ: 0,063	**At 213** 0,11 μs α: 9,08	**At 214** 0,56 μs α: 8,819	**At 215** 0,1 ms α: 8,026	**At 216** 0,3 ms α: 7,804	**At 217** 32,3 ms α: 7,069	**At 218** 2 s α: 6,694
84	**Po 204** 3,53 h α: 5,377 γ: 0,884	**Po 205** 1,66 h α: 5,22 γ: 0,872	**Po 206** 8,8 d α: 5,2233 γ: 1,032	**Po 207** 5,84 h α: 5,116 γ: 0,992	**Po 208** 2,898 a α: 5,1152	**Po 209** 102 a α: 4,881	**Po 210** 138,38 d α: 5,30438	**Po 211** 0,516 s α: 7,450	**Po 212** 0,3 μs α: 8,785	**Po 213** 4,2 μs α: 8,376	**Po 214** 164 μs α: 7,6869	**Po 215** 1,78 ms α: 7,3862	**Po 216** 0,15 s α: 6,7783	**Po 217** 1,53 s α: 6,543
83	**Bi 203** 11,76 h β^+: 1,4 γ: 0,820	**Bi 204** 11,22 h γ: 0,899	**Bi 205** 15,31 d γ: 1,764	**Bi 206** 6,24 d γ: 0,803	**Bi 207** 31,55 a γ: 0,570	**Bi 208** 3,68E5 a γ: 2,615	**Bi 209** 1,9E19 a α: 3,137	**Bi 210** 5,013 d α: 4,649 β^-: 1,2	**Bi 211** 2,17 min α: 6,6229 γ: 0,351	**Bi 212** 60,60 min α: 6,051 β^-: 2,3 γ: 0,727	**Bi 213** 45,59 min α: 5,87 β^-: 1,4 γ: 0,440	**Bi 214** 19,9 min α: 5,450 β^-: 1,5 γ: 0,609	**Bi 215** 7,7 min γ: 0,294	
82	**Pb 202** 5,25E4 a	**Pb 203** 51,9 h γ: 0,279	**Pb 204** 1,4E17 a α	**Pb 205** 1,5E7 a	**Pb 206** stabil	**Pb 207** stabil	**Pb 208** stabil	**Pb 209** 3,253 h β^-: 0,6	**Pb 210** 22,3a α: 3,72 β^-: 0,02 γ: 0,047	**Pb 211** 36,1 min β^-: 1,4 γ: 0,405	**Pb 212** 10,64 h β^-: 0,3 γ: 0,239	**Pb 213** 10,2 min	**Pb 214** 26,8 min β^-: 0,7 γ: 0,352	
81	**Tl 201** 73,1 h γ: 0,167	**Tl 202** 12,23 d γ: 0,440	**Tl 203** stabil	**Tl 204** 3,78a β^-: 0,8	**Tl 205** stabil	**Tl 206** 4,20 min β^-: 1,5	**Tl 207** 4,77 min β^-: 1,4	**Tl 208** 3,053 min β^-: 1,8 γ: 2,615	**Tl 209** 2,16 min β^-: 1,8 γ: 1,567	**Tl 210** 1,3 min β^-: 1,9 γ: 0,800				
80	**Hg 200** stabil	**Hg 201** stabil	**Hg 202** stabil	**Hg 203** 46,59d β^-: 0,2 γ: 0,279	**Hg 204** stabil	**Hg 205** 5,2 min β^-: 1,5 γ: 0,204	**Hg 206** 8,15 min β^-: 1,5 γ: 0,305							
79	**Au 199** 3,139d β^-: 0,3 γ: 0,158	**Au 200** 48,4 min β^-: 2,3 γ: 0,368	**Au 201** 26,4 min β^-: 1,3 γ: 0,543	**Au 202** 28 s β^-: 3,5 γ: 0,440	**Au 203** 60 s β^-: 2,0 γ: 0,218	**Au 204** 39,8 s β^-: 4,3 γ: 0,437								
78	**Pt 198** stabil	**Pt 199** 30,8 min β^-: 1,7 γ: 0,543	**Pt 200** 12,5 h β^-: 0,6 γ: 0,076	**Pt 201** 2,5 min β^-: 2,7 γ: 1,706										
77	**Ir 197** 8,9 min β^-: 2,0 γ: 0,470	**Ir 198** 8 s β^-: 4,0 γ: 0,507												
	120	121	122	123	124	125	126	127	128	129	130	131	132	133

Auszug aus der Nuklidkarte

	134	135	136	137	138	139	140	141	142	143	144	145	146	147	148
95				**Am 232** 1,31 min		**Am 234** 2,32 min		**Am 236** 3,6 min α: 6,15 γ: 0,719	**Am 237** 73 min α: 6,04 γ: 0,280	**Am 238** 1,63 h α: 5,94 γ: 0,963	**Am 239** 11,9 h α: 5,774 γ: 0,278	**Am 240** 50,8 h α: 5,378 γ: 0,988	**Am 241** 432,2 a α: 5,486 γ: 0,060	**Am 242** 16 h β^-: 0,7	**Am 243** 7370 a α: 5,275 γ: 0,075
94					**Pu 232** 34,1 min α: 6,60	**Pu 233** 20,9 min α: 6,31 γ: 0,235	**Pu 234** 8,8 h α: 6,202	**Pu 235** 25,3 min α: 5,85 γ: 0,049	**Pu 236** 2,858 a α: 5,768	**Pu 237** 45,2 d α: 5,334 γ: 0,060	**Pu 238** 87,74 a α: 5,499	**Pu 239** 2,41E4 a α: 5,157	**Pu 240** 6563 a α: 5,168	**Pu 241** 14,35 a α: 4,896 β^-: 0,02	**Pu 242** 3,75E5 a α: 4,901
93	**Np 227** 51 s α: 7,68	**Np 228** 61,4 s	**Np 229** 4,0 min α: 6,890	**Np 230** 4,6 min α: 6,66	**Np 231** 48,8 min α: 6,28 γ: 0,371	**Np 232** 14,7 min γ: 0,327	**Np 233** 36,2 min α: 5,54	**Np 234** 4,4 d γ: 1,559	**Np 235** 396,1 d α: 5,025	**Np 236** 1,54E5 a β^-: 0,481	**Np 237** 2,14E6 a α: 4,790 γ: 0,029	**Np 238** 2,117 d β^-: 1,2 γ: 0,984	**Np 239** 2,355 d β^-: 0,4 γ: 0,106	**Np 240** 65 min β^-: 0,9 γ: 0,566	**Np 241** 13,9 min β^-: 1,3 γ: 0,175
92	**U 226** 0,28 s α: 7,555 γ: 0,182	**U 227** 1,1 min α: 6,86 γ: 0,247	**U 228** 9,1 min α: 6,68	**U 229** 58 min α: 6,362 γ: 0,123	**U 230** 20,8 d α: 5,888	**U 231** 4,2 d α: 5,456 γ: 0,026	**U 232** 68,9 a α: 5,320	**U 233** 1,59E5 a α: 4,824	**U 234** 2,46E5 a α: 4,775	**U 235** 7,04E8 a α: 4,398 γ: 0,186	**U 236** 2,34E7 a α: 4,494	**U 237** 6,75 d β^-: 0,2 γ: 0,060	**U 238** 4,47E9 a α: 4,198	**U 239** 23,5 min β^-: 1,2 γ: 0,075	**U 240** 14,1 h β^-: 0,4 γ: 0,044
91	**Pa 225** 1,8 s α: 7,25	**Pa 226** 1,8 min α: 6,86	**Pa 227** 38,3 min α: 6,465 γ: 0,065	**Pa 228** 22 h α: 6,078 γ: 0,911	**Pa 229** 1,50 d α: 5,580	**Pa 230** 17,4 d α: 5,345 β^-: 0,5 γ: 0,952	**Pa 231** 3,28E4 a α: 5,014 γ: 0,027	**Pa 232** 1,31 d β^-: 0,3 γ: 0,969	**Pa 233** 27,0 d β^-: 0,3 γ: 0,312	**Pa 234** 1,17 min β^-: 2,3	**Pa 235** 24,2 min β^-: 1,4 γ: 0,128	**Pa 236** 9,1 min β^-: 2,0 γ: 0,642	**Pa 237** 8,7 min β^-: 1,4 γ: 0,854	**Pa 238** 2,3 min β^-: 1,7 γ: 1,015	
90	**Th 224** 1,04 s α: 7,17 γ: 0,177	**Th 225** 8,72 min α: 6,482 γ: 0,321	**Th 226** 31 min α: 6,336 γ: 0,111	**Th 227** 18,72 d α: 6,038 γ: 0,236	**Th 228** 1,913 a α: 5,423 γ: 0,084	**Th 229** 7880 a α: 4,845 γ: 0,194	**Th 230** 7,54E4 a α: 4,687	**Th 231** 25,5 h β^-: 0,3 γ: 0,026	**Th 232** 1,41E10 a α: 4,013	**Th 233** 22,3 min β^-: 1,2 γ: 0,087	**Th 234** 24,10 d β^-: 0,2 γ: 0,063	**Th 235** 7,1 min β^-: 1,4 γ: 0,417	**Th 236** 37,5 min β^-: 1,0 γ: 0,111		
89	**Ac 223** 2,10 min α: 6,647	**Ac 224** 2,9 h α: 6,142 γ: 0,216	**Ac 225** 10,0 d α: 5,830 γ: 0,100	**Ac 226** 29 h α: 5,34 β^-: 0,9 γ: 0,230	**Ac 227** 21,773 a α: 4,953 β^-: 0,04	**Ac 228** 6,13 h β^-: 1,2 γ: 0,911	**Ac 229** 62,7 min β^-: 1,1 γ: 0,165	**Ac 230** 122 s β^-: 2,7 γ: 0,455	**Ac 231** 7,5 min β^-: 1,947 γ: 0,282	**Ac 232** 119 s β^-: 3,708 γ: 0,665					
88	**Ra 222** 38 s α: 6,559 γ: 0,324	**Ra 223** 11,43 d α: 5,7162 γ: 0,269	**Ra 224** 3,66 d α: 5,6854 γ: 0,241	**Ra 225** 14,8 d β^-: 0,3 γ: 0,040	**Ra 226** 1600 a α: 4,7843 γ: 0,186	**Ra 227** 42,2 min β^-: 1,3 γ: 0,027	**Ra 228** 5,75 a β^-: 0,04	**Ra 229** 4,0 min β^-: 1,8	**Ra 230** 93 min β^-: 0,8 γ: 0,072						
87	**Fr 221** 4,9 min α: 6,341 γ: 0,218	**Fr 222** 14,2 min β^-: 1,8 γ: 0,206	**Fr 223** 21,8 min α: 5,34 β^-: 1,1 γ: 0,05	**Fr 224** 3,3 min β^-: 2,6 γ: 0,216	**Fr 225** 4,0 min β^-: 1,6 γ: 0,182	**Fr 226** 48 s β^-: 3,2 γ: 0,254	**Fr 227** 2,47 min β^-: 1,8 γ: 0,090	**Fr 228** 39 s γ: 0,474	**Fr 229** 50,2 s γ: 0,310						
86	**Rn 220** 55,6 s α: 6,288	**Rn 221** 25 min α: 6,037 β^-: 0,8 γ: 0,186	**Rn 222** 3,825 d α: 5,48948	**Rn 223** 23,2 min γ: 0,593	**Rn 224** 1,78 h γ: 0,261	**Rn 225** 4,5 min	**Rn 226** 7,4 min								
85	**At 219** 0,9 min α: 6,27														
84	**Po 218** 3,05 min α: 6,0024														
83															
82															
81															
80															
79	α-Zerfall		β^+-Zerfall		β^--Zerfall										
78	**Fr 220** 27,4 s α: 6,68 γ: 0,045		**At 210** 8,3 h α: 5,524 γ: 1,181		**Pb 212** 10,64 h β^-: 0,3 γ: 0,239	← Halbwertszeit ← Energie in MeV									
77															

Die farbigen Flächen zeigen die vorherrschenden Zerfallsarten an

Periodensystem der Elemente

Legende: 1 **H** 2,2 Wasserstoff 1,008
← Ordnungszahl (Kernladungszahl)
← Elektronegativität (nach Pauling)
← Mittlere relative Atommasse in u
(* Atommasse für stabilstes Isotop bei radioaktiven Elementen)

	1	2	3	4	5	6	7	8	9	10	11	12	13	14	15	16	17	18
1	1 **H** 2,2 Wasserstoff 1,008																	2 **He** Helium 4,003
2	3 **Li** 1,0 Lithium 6,94	4 **Be** 1,6 Beryllium 9,012											5 **B** 2,0 Bor 10,811	6 **C** 2,6 Kohlenstoff 12,011	7 **N** 3,0 Stickstoff 14,007	8 **O** 3,4 Sauerstoff 15,999	9 **F** 4,0 Fluor 18,998	10 **Ne** 3,2 Neon 20,180
3	11 **Na** 0,9 Natrium 22,990	12 **Mg** 1,3 Magnesium 24,305											13 **Al** 1,6 Aluminium 26,982	14 **Si** 1,9 Silicium 28,086	15 **P** 2,2 Phosphor 30,974	16 **S** 2,6 Schwefel 32,065	17 **Cl** 3,2 Chlor 35,453	18 **Ar** 2,4 Argon 39,948
4	19 **K** 0,8 Kalium 39,098	20 **Ca** 1,0 Calcium 40,078	21 **Sc** 1,4 Scandium 44,956	22 **Ti** 1,5 Titan 47,867	23 **V** 1,6 Vanadium 50,942	24 **Cr** 1,7 Chrom 51,996	25 **Mn** 1,6 Mangan 54,938	26 **Fe** 1,8 Eisen 55,845	27 **Co** 1,9 Cobalt 58,933	28 **Ni** 1,9 Nickel 55,693	29 **Cu** 1,9 Kupfer 63,546	30 **Zn** 1,7 Zink 65,38	31 **Ga** 1,8 Gallium 69,723	32 **Ge** 2,0 Germanium 72,630	33 **As** 2,2 Arsen 74,922	34 **Se** 2,6 Selen 78,971	35 **Br** 3,0 Brom 79,904	36 **Kr** 2,2 Krypton 83,798
5	37 **Rb** 0,8 Rubidium 85,468	38 **Sr** 0,9 Strontium 87,62	39 **Y** 1,2 Yttrium 88,906	40 **Zr** 1,3 Zirconium 91,224	41 **Nb** 1,6 Niobium 92,906	42 **Mo** 2,2 Molybdän 95,95	43 **Tc** 1,9 Technetium 97,907*	44 **Ru** 2,2 Ruthenium 101,07	45 **Rh** 2,3 Rhodium 102,905	46 **Pd** 2,2 Palladium 106,42	47 **Ag** 1,9 Silber 107,868	48 **Cd** 1,7 Cadmium 112,414	49 **In** 1,8 Indium 114,818	50 **Sn** 2,0 Zinn 118,710	51 **Sb** 2,1 Antimon 121,760	52 **Te** 2,1 Tellur 127,60	53 **I** 2,7 Iod 126,905	54 **Xe** 2,0 Xenon 131,293
6	55 **Cs** 0,8 Cäsium 132,905	56 **Ba** 0,9 Barium 137,327	57 **La** 1,1 Lanthan 138,905	72 **Hf** 1,3 Hafnium 178,49	73 **Ta** 1,5 Tantal 180,948	74 **W** 2,4 Wolfram 183,84	75 **Re** 1,9 Rhenium 186,207	76 **Os** 2,2 Osmium 190,23	77 **Ir** 2,2 Iridium 192,217	78 **Pt** 2,3 Platin 195,084	79 **Au** 2,5 Gold 196,967	80 **Hg** 2,0 Quecksilber 200,592	81 **Tl** 2,0 Thallium 204,383	82 **Pb** 2,3 Blei 207,2	83 **Bi** 2,0 Bismut 208,980*	84 **Po** 2,0 Polonium 209,983*	85 **At** 2,2 Astat 209,987	86 **Rn** 2,0 Radon 222,018*
7	87 **Fr** 0,7 Francium 223,020*	88 **Ra** 0,9 Radium 226,025*	89 **Ac** 1,1 Actinium 227,028*	104 **Rf** Rutherfordium 267*	105 **Db** Dubnium 270*	106 **Sg** Seaborgium 269*	107 **Bh** Bohrium 270*	108 **Hs** Hassium 270*	109 **Mt** Meitnerium 278*	110 **Ds** Darmstadtium 281*	111 **Rg** Röntgenium 281*	112 **Cn** Copernicum 285*	113 **Nh** Nihonium 286*	114 **Fl** Flerovium 289*	115 **Mc** Moscovium 289*	116 **Lv** Livermorium 293*	117 **Ts** Tenness 294*	118 **Og** Oganesson 294*

Lanthanoide	58 **Ce** 1,1 Cer 140,116	59 **Pr** 1,1 Praseodym 140,908	60 **Nd** 1,1 Neodym 144,242	61 **Pm** Promethium 146,915*	62 **Sm** 1,2 Samarium 150,36	63 **Eu** 1,2 Europium 151,964	64 **Gd** 1,2 Gadolinium 157,25	65 **Tb** 1,2 Terbium 158,925	66 **Dy** 1,2 Dysprosium 162,500	67 **Ho** 1,2 Holmium 164,930	68 **Er** 1,2 Erbium 167,259	69 **Tm** 1,3 Thulium 168,934	70 **Yb** 1,3 Ytterbium 173,045	71 **Lu** 1,3 Lutetium 174,967
Actinoide	90 **Th** 1,3 Thorium 232,038*	91 **Pa** 1,5 Protactinium 231,036*	92 **U** 1,7 Uran 238,051*	93 **Np** 1,3 Neptunium 237,048*	94 **Pu** 1,3 Plutonium 244,064*	95 **Am** 1,3 Americium 243,061*	96 **Cm** 1,3 Curium 247,070*	97 **Bk** 1,3 Berkelium 247,070*	98 **Cf** 1,3 Californium 251,080*	99 **Es** 1,3 Einsteinium 252,083*	100 **Fm** 1,3 Fermium 257,095*	101 **Md** 1,3 Mendelevium 258,098*	102 **No** 1,3 Nobelium 259,101*	103 **Lr** Lawrencium 262,110*

Register

W

Z